公益性行业（农业）科研专项（200903004）
"主要农作物有害生物种类与发生危害特点研究" 项目资助
中国主要农作物有害生物简明识别手册系列丛书

茶树主要病虫害
简明识别手册

陈宗懋　孙晓玲　主编

中国农业出版社

图书在版编目（CIP）数据

茶树主要病虫害简明识别手册/陈宗懋，孙晓玲主编．—北京：中国农业出版社，2013.10（2023.1重印）
（中国主要农作物有害生物简明识别手册系列丛书）
ISBN 978-7-109-18292-9

Ⅰ.①茶…　Ⅱ.①陈…　②孙…　Ⅲ.①茶树-病虫害防治-手册　Ⅳ.①S435.711-62

中国版本图书馆CIP数据核字（2013）第204351号

中国农业出版社出版
（北京市朝阳区农展馆北路2号）
（邮政编码 100125）
责任编辑　阎莎莎　张洪光

———————————

中农印务有限公司印刷　　新华书店北京发行所发行
2013年10月第1版　2023年1月北京第3次印刷

———————————

开本：720mm×1000mm　1/32　印张：8.625
字数：142千字　　印数：7 501～10 500册
定价：39.00元
（凡本版图书出现印刷、装订错误，请向出版社发行部调换）

总　　序

　　我国是农业大国，更是种植业大国，粮、棉、油、麻、糖、菜、果、茶等主要农作物种植面积和总产均居世界前列。种植业的持续稳定发展为确保国家粮食安全和主要农产品有效供给做出了重要贡献。但是，由于我国农业生态条件复杂，耕作制度多样，也是世界上农业有害生物灾害多发、频发和重发的国家之一。

　　近年来，受全球气候变暖、耕作制度变化、优质高产品种推广、病虫害抗药性上升和农产品国际贸易量激增等因素的影响，农作物有害生物种类、分布区域、发生程度和危害情况均发生了重大变化，并呈五大特点：一是生物灾害暴发频率逐年提高；二是迁飞性种类此起彼伏；三是区域性种类突发成灾；四是次要种类上升为主要种类；五是检疫性种类大肆侵入。

由于这些新的变化，我们对主要农作物有害生物的发生种类、分布区域和发生危害等基础信息不清，致使植保领域相关研究存在一定的盲目性，教学内容存在一定的模糊性，也在很大程度上影响了监测预警的准确性和防控决策的科学性。因此，开展主要农作物有害生物种类与发生危害特点研究，对于摸清我国主要农作物有害生物发生危害家底，提高植保防灾减灾水平，促进国家粮食安全和主要农产品有效供给意义十分重大。

2009年，在农业部领导的高度重视和支持下，在种植业管理司、科技教育司和财务司的大力支持下，通过国家公益性行业（农业）科研专项经费项目，设立了"主要农作物有害生物种类与发生危害特点研究"项目（编号：200903004）。该项目由全国农业技术推广服务中心牵头主持，由中国农业科学院植物保护研究所、中国农业大学、南京农业大学、华中农业大学、华南农业大学、西南大学等11家科研教学单位和河北、江苏、陕西、辽宁、湖北、广西、四川等31个省、自治区、直辖市植保植检站等共42家单位参加，以粮（水稻、小麦、玉米、大豆、马铃薯）、棉（棉花）、麻（类）、油（油菜、花生）、糖（甘蔗、甜菜）、果（柑橘、苹果、梨）、茶（茶树）等七大类15种主要农作物的病、虫、草、鼠害为研究对象，从5个层面开展相关调查研究工作：一是查清主要农作物有害生物种类；二是查实主要有害生物分布范围；三是明确重要有害生物发生危害损失；四是分析重大有害生物演变趋势；五是建立有害生物调查技术体系。

根据项目研究工作计划，通过普查研究工作，要在查清我国主要农作物有害生物种类的基础上，编撰出版《中国主要农作物有害生物简明识别手册系列丛书》，以方便广大基层植保技术人员识别病虫发生种类，掌握重大有害生物发生动态，提高监测预警与防控水平，不断提高我国的植物保护的科技水平。

希望本系列图书的出版发行对于推动我国的植物保护事业的科学发展发挥积极作用，作出应有贡献！

2011年11月

前　　言

　　茶树原产于中国西南部，已有3 000多年的种植历史。茶树在我国东起台湾，西至西藏察隅河谷，南自海南琼崖，北达山东半岛，分布在20个省（自治区、直辖市），1 000多个县市。在垂直分布上，茶树最高种植在2 600m的高地上，而最低仅距海平面几十米。种植区地跨6个气候带：中热带、边缘热带、南亚热带、中亚热带、北亚热带和暖热带。病虫害是影响茶叶安全、稳定和优质生产的最重要的生物灾害。准确识别病虫害的种类是有效控制茶树病虫害的关键。本手册对茶树每个病虫害的发生分布、形态特征、危害（症）状、发生规律和防治要点，以及害虫的生活习性等进行了描述，具有通俗易懂、形象直观、方便实用、易于携带的特点，可供基层广大植保技术人员和农业院校相关专业师生参阅使用，旨在为茶树病虫害普查工作提供科学参考。

受编写人员业务水平所限，手册中难免有不足之处，敬请读者批评指正。

茶树有害生物种类与
发生危害特点研究课题组

2013年5月

目　　录

总序
前言

病　　害

虫　害

病害

BINGHAI

茶 饼 病

又称茶疱状叶枯病、叶肿病。

病原 *Exobasidium vexans* Massee，属担子菌亚门，外担菌目，外担菌属。

分布 亚洲各产茶国、中国主要产茶地区的高山茶园均有发生。在中国以西南和华南茶区发生较重。

症状 主要危害嫩叶、嫩梢、叶柄。嫩叶染病初现淡黄色或淡红色近圆形透明斑，后病斑正面凹陷，背面突起，形成疱斑，其上覆有一层灰白色或粉红色粉末，最后粉末消失，形成淡褐色枯斑，边缘有一灰白色圈，形似饼状，故称茶饼病。叶片中脉染病病叶多扭曲畸形。

病原特征 茶饼病菌有性态属担子菌亚门外担菌目外担菌属。无性态尚未发现。担子棍棒状，单胞，无色，大小为 $(30 \sim 50)$ μm× $(3 \sim 6)$ μm，顶生 $3 \sim 4$ 个小梗，每个小梗上顶生1个担孢子。担孢子呈肾形或椭圆形，单胞，无色，大小为 $(9 \sim 16)$ μm× $(3.5 \sim 6)$ μm。

发病规律 病菌以菌丝体在病叶中越冬或越夏。属低温高湿型病害，当温度在 $18 \sim 20$℃、相对湿度85%以上时，阴雨多湿

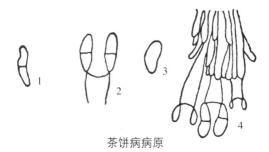

茶饼病病原

1.成熟并形成分隔的担孢子 2.担子和担孢子
3.担孢子 4.担子和担孢子的子实层

的条件有利于发病，一般春茶期3～5月和秋茶期9～10月间发生严重。丘陵、平地的郁蔽茶园，多雨情况下发病重；管理粗放、杂草丛生、施肥不当、遮阴茶园发病重；多雾的高山、高湿凹地茶园发病重。

防治要点 （1）加强苗木检疫，防止茶饼病菌通过茶苗调运传播。（2）清除杂草、枯枝，适当修剪，促进通风透光，可减轻发病。（3）增施磷、钾肥，提高茶树抗病力。（4）发病初期喷70%甲基硫菌灵可湿性粉剂1 000～1 500倍液或75%百菌清可湿性粉剂800～1 000倍液，间隔7～10d，连喷2～3次；非采摘茶园也可喷施0.6%～0.7%石灰半量式波尔多液、0.2%～0.5%硫酸铜液或12%松脂酸铜乳油600倍液，以保护茶树。采茶园如喷施波尔多液，可于春茶前或每季采茶后各喷1次，喷后20d方可采摘。

（李承江　摄）

茶饼病危害状　（吴全聪　摄）

茶网饼病

病原 *Exobasidium reticulatum* Ito et Sawada，属担子菌亚门，层菌纲，外担菌目，外担菌科，外担菌属。

分布 分布于安徽、浙江、江西、福建、湖南、四川、贵州、广东、台湾等茶区，国外日本也有报道。

症状 主要危害成叶，嫩叶、老叶也可发病。多发生在叶缘或叶尖上，初在叶片上现针尖大小的浅绿色油渍状斑点，后逐渐扩大，病部加厚，严重的扩展至全叶，色泽变成暗褐色，有时叶片上卷，叶背面沿叶脉形成网状突起，其上具白粉物。白粉散失后变成茶褐色网状，故称网饼病。后期病斑呈紫褐色或紫黑色，造成叶片枯萎脱落。一般不危害嫩芽，病菌可由叶片通过叶柄蔓延至嫩茎，引起枝枯。同茶饼病相比，两者症状的区别在于：茶饼病主要发生在嫩叶和新梢上，病斑圆形，有明显界限，正面凹陷，背面有馒头状突起。茶网饼病主要发生在成叶上，病斑无明显边缘，病叶下面有白色网格状纹理，背面具粉状物。

病原特征 叶背病斑上网状物是菌丝，白粉状物是子实层。担子长棍棒状至圆筒形，

茶网饼病叶片症状　　（陈庆昌　摄）

大 小 （63 ～ 135） μm× （3 ～ 4） μm。顶端着生小梗4个，每个小梗上着生担孢子1个。担孢子单胞，无色，倒卵形或椭圆形，大 小 （8 ～ 12） μm× （3 ～ 4） μm，发芽时生出1个隔膜，成为双细胞，从两端或一端长出芽管。

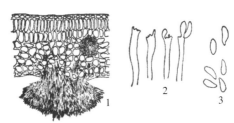

茶网饼病病原
1.子实层　2.担子　3.担孢子

发病规律　以菌丝体在发病组织或土表落叶中越冬。翌春条件适宜时担孢子成熟，随风雨传播侵入成叶。夏季菌丝潜伏在叶片组织内越夏。茶网饼病的发生和流行受气候、茶树品种等诸因素的影响，其中以气候条件的影响最大。当温度在22～27℃间最利于发病。在适温条件下，高湿和日照不足为发病的主要诱因。因此茶网饼病在1年中，从4月份开始发生到6月之间，随着气温上升，雨水增多，病害逐渐发展，7～8月干旱炎热，病害不会发展，9～10月秋雨连绵，发展较快，危害严重。以后随着气温逐渐下降，病害也渐渐停止发展。全年茶网饼病有2个发病高峰，一个在春季，一个在秋季。

防治要点　(1) 加强茶园管理。搞好树高覆盖度大茶园的通风透光工作，可减轻发病。适当增施磷钾肥，也可减轻发病。发病严重的茶园，封园后及时进行冬季清园修剪。(2) 化学防治。在竹林间或其他朝露不易干的荫蔽茶园以及通风透光差的茶园，应注意做好药剂防治。喷洒75%百菌清可湿性粉剂800～1 000倍液，在非采摘茶园可喷洒0.7%石灰半量式波尔多液，于每个茶季各喷药1次，尤其是在9～10月间需加强防治，喷药1～2次，以防止病害的流行。

茶 白 星 病

又称茶白斑病、点星病。

病原　*Phyllosticta theaefolia* Hara，属半知菌亚门，球壳孢目，叶点霉属。

分布　世界主要产茶国、中国各产茶区均有发生。多分布在高山茶园。

症状　嫩叶被侵染后，初生针头状褐色小点，周围有黄色晕圈，后渐扩大成圆形病斑，直径在0.3～2mm，边缘有紫褐色隆起线，中央呈灰白色，上生黑色小粒点，后期数个或百个病斑融合成不规则大斑。叶片常畸形扭曲，易脱落。嫩茎上的病斑与叶片上相似。

病原特征　病原菌无性态形成的子实体为分生孢子器，呈球形或半球形，直径为60～80μm，暗褐色，有乳头状突起。内生分生孢子梗和器孢子。器孢子无色，单胞，呈椭圆形或卵形，大小为（3～5）μm×（2～3）μm。

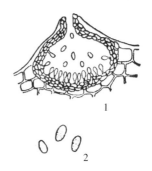

茶白星病病原
1.分生孢子器　2.器孢子

　　发病规律　病菌以菌丝体或分生孢子器在病枝上越冬，属低温高湿型病害。次年春季，当气温升至10℃以上时，在高湿条件下，病斑上形成分生孢子，借风雨传播，侵害幼嫩芽梢。低温多雨春茶季节，最适宜孢子形成，引起病害流行。高山及幼龄茶园容易发病。土壤瘠薄，偏施氮肥，管理不当等都易引发病害。每年4～5月发生最重。

　　防治要点　(1) 加强茶园管理，增施磷、钾肥，增强树势，提高抗病力；及时、合理采摘可减少病菌侵入。(2) 可在春茶萌芽期至鱼叶展开期喷药保护，药剂可选用70%甲基硫菌灵可湿性粉剂或75%百菌清可湿性粉剂1 000倍液，隔7d左右再喷1次。

茶白星病危害状　　（刘明炎　摄）

茶芽枯病

病原 *Phyllosticta gemmiphliae* Chen et Hu，属半知菌亚门，球壳孢目，叶点霉属。

分布 主要分布于浙江、江苏、安徽、湖南等地。

症状 主要危害春茶幼芽和嫩叶，初在叶尖或叶缘产生淡黄色或黄褐色斑点，后扩展呈不规则形，病健部分界不明显。后期病部表面散生黑色细小粒点，以叶正面居多。感病叶片易破碎、扭曲。芽尖受害后呈黑褐色枯焦状，萎缩不能伸展，严重时整个嫩梢枯死。

病原特征 病原菌的分生孢子器呈球形或扁球形褐色至暗色，直径为 (90～234) μm×(100～245) μm，器壁薄，膜质，孔口直径为23.4～46.8 μm。器孢子呈椭圆形至卵形，两端圆，无色，单胞，内有1～2个绿色油球，周围有一层黏液，大小为 (1.6～4) μm×(2.3～6.5) μm。

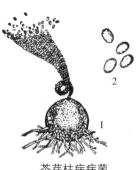

茶芽枯病病菌

1.分生孢子器 2.器孢子

　　发病规律　病菌以菌丝体或分生孢子器在病叶中越冬。属低温高湿型病害。翌年春茶萌芽期（3月底至4月初）开始发病，春茶盛采期（4月中旬至5月上旬）气温在15～25℃，湿度大时发病较重。萌芽早的品种发病重。凡早春萌芽期遭受寒流侵袭的茶树易感芽枯病。

　　防治要点　（1）春茶实行早采、勤采，减少病菌侵染，可减轻发病。（2）加强树体营养，增施有机肥，因地制宜选用抗病品种。（3）萌芽期和发病初期各喷药1次。药剂可选用70%甲基硫菌灵可湿性粉剂1 000～1 500倍液、75%百菌清可湿性粉剂1 000倍液。

茶芽枯病症状

茶云纹叶枯病

又称茶叶枯病。

病原　有性世代为*Guignardia camelliae* (Cke.) Burler = *Glomerella cingulata* (Stonem.) Spauld et Schrenk，属子囊菌亚门，座囊菌目，球座菌属；无性世代为*Colletotrichum camelliae* Massee，属半知菌亚门，黑盘孢目，刺盘孢属。

分布　分布普遍，各产茶国、中国各产茶地区均有发生。

症状　发病时，成叶和老叶上的病斑呈圆形或不规则形，初为黄褐色，水渍状，后转褐色，其上有波状轮纹，最后由中央向外变灰白色，上生灰黑色、扁平圆形小粒点，沿轮纹排列；嫩叶病斑圆形，褐色，后变黑褐色枯死；枝条上产生灰褐色斑块，稍下陷，上生灰黑色

茶云纹叶枯病病症（西双版纳）

茶云纹叶枯病成熟叶片病症

（黎健龙　摄）

小粒点，最后枝梢回枯；果实病斑为圆形，黄褐色至灰色，上生灰黑色小粒点，病部有时开裂。发生严重时，茶园成片枯褐色，致使幼龄茶树整株枯死。

病原特征无性世代的子实体为分生孢子盘，分生孢子盘直径为187 ～ 290 μm，盘状，其中排

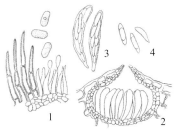

茶云纹叶枯病病原

1.分生孢子盘和分生孢子　2.子囊壳切面　3.子囊　4.子囊孢子

列有分生孢子梗和刚毛，分生孢子梗呈短棒状，单胞，无色，上面着生分生孢子。分生孢子椭圆形，单胞，无色，内有1 ～ 2个空胞，大小为(10 ～ 21) μm×（3 ～ 6）μm。刚毛呈针状，基部粗，顶端细，暗褐色，1 ～ 3分隔。有性态的了实体为子囊果，只在夏秋雨季出现。

发病规律　病菌以菌丝体、分生孢子盘或子囊壳在树上病叶或土表落叶中越冬。翌春在潮湿条件下形成分生孢子，靠雨水和露滴传播。全年除冬季外，可多次重复侵染。高温高湿发病重，以6月和8月下旬至9月上旬发生最多。管理粗放、采摘过度或遭受螨类危害、冻害、日灼等致使的树势衰弱，幼龄和台刈的茶园以及遭日灼的叶片易于发病。大叶型品种一般表现感病。

防治要点　(1) 加强茶园管理，增施磷、钾肥和有机肥，避免偏施氮肥；注意茶园清沟排水，提高茶树抗病力。(2) 在新梢1芽1叶期喷药防治，药剂可选70%甲基硫菌灵可湿性粉剂1 000 ～ 1 500倍液，75%百菌清可湿性粉剂800倍液，25%咪鲜胺乳油1 000 ～ 1 500倍液，10%多抗霉素可湿性粉剂1 000倍液喷雾。

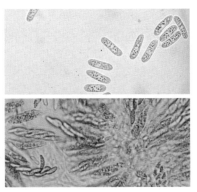

茶云纹叶枯病分生孢子（上）和子囊孢子（下）

茶炭疽病

病原 *Discula theae-sinensis* (Miyake) Moriwaki & Sato = *Gloeosporiem theaesinensis* Miyake，属半知菌亚门，黑盘孢目，盘长孢属。

分布 分布普遍，日本、斯里兰卡等主要世界产茶国和中国各产茶地区均有发生。

症状 发病时，成叶和老叶边缘或叶尖产生病斑，初为暗绿色水渍状，后转黄褐色，最后变为灰白色的不规则形大型斑块，其上散生黑色细小粒点，病健部分界明显。

茶炭疽病叶片背面症状（上）和正面症状（下）

（罗宗秀 提供）

茶炭疽病叶片正面症状

（罗宗秀　提供）

病原特征　分生孢子盘为黑色，直径 80 ～ 150 μm，其中排列有许多分生孢子梗。孢子梗为丝状，无色，上生1个孢子。分生孢子呈纺锤形，无色，单胞，小型，大小为（3 ～ 6）μm×（2 ～ 2.5）μm，两端尖，内含2个油球。

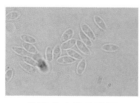

茶炭疽病分生孢子

（小泊重洋　提供）

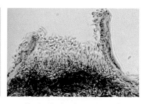

茶炭疽病分子孢子盘

（小泊重洋　提供）

发病规律　病菌以菌丝体和分生孢子盘在病叶中越冬，翌年当气温升至20℃、相对湿度80%以上时形成孢子，借风雨传播蔓延。温度25～27℃，高湿条件下最有利于发病。全年以梅雨季节和秋雨季节发生最重。树势衰弱及管理粗放的茶园，采摘过度、遭受冻害的茶园，均易发病。一般大叶品种抗病力强，偏施氮肥的茶园发病也重。

防治要点　(1) 加强茶园管理，增施磷、钾肥和有机肥，避免偏施氮肥；注意茶园清沟排水，提高茶树抗病力。(2) 在新梢1芽1叶期喷药防治，药剂可选70%甲基硫菌灵可湿性粉剂1 000～1 500倍液、75%百菌清可湿性粉剂800倍液、25%咪鲜胺乳油1 000～1 500倍液或10%多抗霉素可湿性粉剂1 000倍液喷雾。

茶 轮 斑 病

病原 *Pestalotiopsis theae* (Sawada) Steyaert（中国优势种）；*Pestalotiopsis longiseta* Speg.（日本优势种）。属半知菌亚门，黑盘孢目，盘多毛孢属。

分布 分布普遍，世界各产茶园、中国各产茶地区均有发生。

症状 发病时成叶和老叶上的病斑呈圆形或不规则形，大型，褐色，有同心轮纹，上生浓黑色墨汁状小粒点，沿轮纹排列。嫩叶上的病斑无轮纹，可布满叶片。新梢罹病变黑枯死。发生严重时，扦插苗成片枯死。

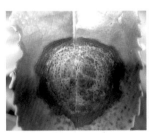

茶轮斑病叶片症状 　（彭萍　提供）

病原特征（中国优势种）　分生孢子盘呈黑色，球形，直径为88～176μm，分生孢子为纺锤形，大小 (23～35) μm×(5.5～8) μm，5胞，

中央3胞暗褐色，两端细胞无色，顶生 2～4
根附属丝，多为3根，末端成结状膨大，长
25～60μm，基胞小柄末端膨大。*P. longiseta*
的分生孢子亦呈纺锤形，大小为（21.7～26.2）
μm×（6.4～8.4）μm，中间3胞褐色，其中
下面1胞色浅，附属丝长16.7～30.9μm，无
结状膨大，基部小柄末端不膨大。

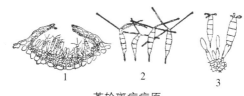

茶轮斑病病原
1.分生孢子盘　2.分生孢子
3.分生孢子梗和初形成的分生孢子

发病规律　病菌以菌丝体或分生孢子盘
在病叶或病梢内越冬，翌年春季在适温高湿条
件下产生分生孢子，从伤口侵入茶树组织产生
新病斑，并产生分生孢子，随风雨传播，进行
再侵染。高温高湿的夏秋季发病较多，全年以
秋季发生较重。机采及虫害多发的茶园发病较
重。树势衰弱、排水不良的茶园发病也重。

防治要点　（1）加强茶园管理，增施磷、
钾肥和有机肥，避免偏施氮肥；注意茶园清沟
排水，提高茶树抗病力。（2）在新梢1芽1叶
期喷药防治，药剂可选70%甲基硫菌灵可湿性

粉剂 1 000 ～ 1 500 倍液、75％百菌清可湿性粉剂 800 倍液、25％咪鲜胺乳油 1 000 ～ 1 500 倍液或 10％多抗霉素可湿性粉剂 1 000 倍液喷雾。

茶轮纹病严重时叶面穿孔
（严团章、屈家新　摄）

茶褐色圆星病

又称茶褐色叶斑病、茶圆赤星病。

病原 *Cercospora theae* (Cav.)Brede de Haan。属半知菌亚门，丛梗孢目，尾孢霉属。

分布 世界主要产茶国以及中国大部分产茶地区均有发生。

症状 茶褐色圆星病在茶树上表现有不同症状，一种是形成大型病斑，称之为褐色叶斑病：多发生在叶缘，呈圆形或不规则形，褐色，后期呈紫褐色斑块，病健交界不明显，在潮湿条件下，病斑上生灰色霉层。另一种为小型病斑，称之为茶圆赤星病（嫩叶）和茶褐色圆星病（成叶）：发病初期，叶面为褐色小点，以后逐渐扩大成圆形小病斑，直径为0.8～3.5mm，中央凹陷，呈灰白色，边缘有暗褐色至紫褐色隆起线，病健交界明显。后期病斑中央散生黑色小点（菌丝块），潮湿时，其上有灰色霉层（子实层）。1张叶片上病斑数从几个到数十个，融合成不规则形大斑。嫩叶感病后叶片生长受阻，常呈歪斜不正；成叶感病后，叶形不变。除叶片外，叶中脉、叶柄和嫩茎均能受害。叶中脉发病会使叶片皱缩卷曲；叶柄受害，可以引起叶片脱落；嫩茎上的病斑常可扩展至茎的全部。

茶褐色圆星病叶片症状　　（曾莉　摄）

茶圆赤星病症状　　（彭萍　提供）

病原特征　菌丝块呈球形或扁球形。分生孢子梗呈棍棒状，单条，弯曲，基部丛生淡褐色，顶端色淡。分生孢子鞭状，基部粗，向顶端渐细，无色，弯曲，3～5个分隔，大小为(30～80) μm×(2～3) μm。

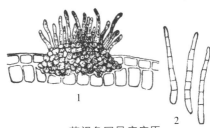

茶褐色圆星病病原
1. 分生孢子梗　2. 分生孢子

　　发病规律　病菌以菌丝块在病树的病叶及落在土表的病落叶上越冬，属低温高湿型病害。每年早春和晚秋发生严重。遭受冻害、缺肥或采摘过度、树势衰弱的茶树易发病。茶园排水不良、地下水位高的茶园发病重。

　　防治要点　(1) 加强茶园管理，增施肥料，合理采摘和采养结合，清沟排水，降低地下水位，并做好防冻工作，以增强树势，减轻发病。(2) 晚秋和早春发病初期，喷施75%百菌清可湿性粉剂800～1 000倍液、70%甲基硫菌灵可湿性粉剂1 000倍液、0.7%石灰半量式波尔多液或12%松脂酸铜乳油600倍液进行防治。

茶 煤 病

病原　*Neocapnodium theae* Hara。属子囊菌亚门，座囊菌目，新煤炱属。

分布　分布于世界各产茶国和中国各茶区。

症状　发病时，叶片上产生黑色圆形或不规则形小斑点，煤色，后扩大遍及全叶以至茎上。呈黑色厚霉层，其上簇生黑色短毛状物。发生严重时，全株乌黑，影响产量，污染茶叶，春茶减产20%～70%。

病原特征　分生孢子呈椭圆形或卵形。星状分生孢子3～4个分叉，分叉上有分隔，暗褐色或无色。分生孢子器常有2～3个分叉，器孢子呈椭圆形，无色，顶端成针状，大小为(3～4)μm×(2～2.5)μm。子囊果球形，子囊孢子椭圆形，暗褐色，3个分隔，大小为(8～10)μm×(3～5)μm。

发病规律　以菌丝体或子实体在病部越冬，次年早春形成孢子，借风雨或昆虫传播，从粉虱、蚧虫或蚜虫分泌物中取得养料，附生于茶树枝叶上。阴湿的茶园和虫害严重的茶园，可促使发病。

防治要点　及时治虫，适当修剪，加强茶园管理，深秋或早春喷施杀菌剂，以控制病害蔓延。

星状分生孢子

分生孢子器

子囊和子囊孢子

症状

子囊孢子

茶煤病症状及病原

茶赤叶斑病

病原 *Phyllosticta theicola* Petch，属半知菌亚门，腔孢纲，球壳孢目，壳霉科，叶点霉属。

分布 分布于全国各茶区。印度、日本也有报道。

症状 本病主要发生在茶树成叶和老叶上，发病初期从叶缘或叶尖开始出现淡褐色不规则形病斑，以后渐渐变成赤褐色，故名赤叶斑病。病斑部的颜色较一致。病斑边缘有深褐色隆起线，病部和健部分界明显。后期病斑上有许多褐色稍突起的小粒点。病叶背面黄褐色，较叶正面色浅。

病原特征 分生孢子器埋生于寄主表皮下，球形或扁球形，大小（75 ~ 107）μm×（67 ~ 92）μm，黑色，顶端有1个圆形孔口，直径12 ~ 15μm，初埋生于叶片组织内，后突破表皮外露。分生孢子器壳壁为柔膜组织，由多角形细胞构成，内壁着生无数分生孢子梗。分生孢子梗棍棒状或圆筒形，无色，单胞，大小（5 ~ 9.5）μm×（4 ~ 6.3）μm，其上顶生分生孢子。分生孢子圆形至宽椭圆形，无色，单胞，内有1 ~ 2个油球，大小（7 ~ 12）μm×（6 ~ 9）μm。

茶赤叶斑病病原

1.分生孢子器　2.器孢子

发病规律　病菌以菌丝体和分生孢子器在茶树病叶组织里越冬。翌年5月开始产生分生孢子，靠风雨及水滴溅射传播。该病属高温高湿型病害，在高温条件下发生严重。每年5～6月开始发病，7～9月发病最盛。如果6～8月持续高温，降雨量少，茶树易受日灼伤的最易发病。

茶赤叶斑病症状

（彭萍　提供）

防治要点 （1）遮阳抗旱。该病为高温型病害。易遭日灼的茶园，可种植遮阳树，减少阳光直射。（2）改良土壤。生产茶园可进行铺草，增强土壤保水性。（3）夏季干旱到来之前喷洒50%苯菌灵可湿性粉剂1 000 ～ 1 500倍液或70%多菌灵可湿性粉剂800 ～ 1 000倍液、36%甲基硫菌灵悬浮剂600 ～ 800倍液。

茶 藻 斑 病

又称茶白藻病。

病原 *Cephaleuros virescens* Kunze，属绿藻门，橘色藻科，头孢藻属。

分布 中国各产茶地区。

症状 在叶片正反面均可产生病斑，以正面居多。初生呈黄褐色针头状的小点或十字形的斑点，后呈放射状，渐向四周扩展蔓延，形成圆形或不正形灰绿褐色的病斑，大小0.5～10mm，病斑表面有细条纹状的毛毡状物，边缘不整齐，后期病斑转呈暗褐色，表面平滑。

茶藻斑病症状 （罗宗秀 提供）

茶藻斑病晚期症状（罗宗秀 提供）

病原特征　病原藻的营养体为叶状体，由对称排列的细胞组成。细胞长形，从中央向四周呈辐射状长出，病斑上的毛毡状物是病原藻的孢子囊和孢囊梗。孢囊梗呈叉状分枝，长270 ～ 450 μm，顶端膨大，近圆形，上生8 ～ 12个卵形的孢子囊。孢子囊黄褐色，大小为（14.5 ～ 20.3）μm×（16.0 ～ 23.5）μm，孢子囊遇水散出游动孢子。游动孢子椭圆形，有2根鞭毛，可在水中游动。

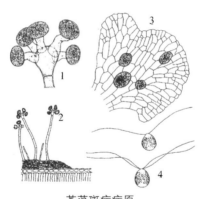

茶藻斑病病原
1 ～ 2.孢子囊　3.叶状体　4.游动孢子
（引自江塚昭典）

发病规律　病原藻以叉状分枝的叶状体（营养体）在叶片中越冬。次年春季，在潮湿的条件下可以产生孢子囊和游动孢子。游动孢子发芽，侵入叶片角质层，并在表皮细胞和角质层之间蔓延扩张，一般不进入细胞内部。以后叶状体向上，在叶片表面形成孢囊梗和孢子囊。此时病斑呈灰绿色，孢囊梗成熟时病斑即变成褐色。孢子囊依靠风吹雨溅传播。病原藻寄生性很弱，一般仅危害生长衰弱的茶树。因此，在管理粗放、肥料不足、茶树衰弱的茶园和阴湿茶园发生的病情重。

　　防治要点　（1）注意开沟排水，及时疏除徒长枝和病枝，改善茶园通风透光条件，适当增施磷、钾肥，提高茶树抗病力。（2）早春或晚秋发病初期开始喷洒0.6%～0.7%石灰半量式波尔多液、0.5%的硫酸铜稀释液、30%碱式硫酸铜悬浮剂400倍液或12%松脂酸铜乳油600倍液。

茶红锈藻病

病原 *Cephaleuros parasiticus* Karst，属绿藻门，绿藻纲，管藻目，桔色藻科，头孢藻属。

分布 主要分布在中国南部热带、亚热带茶区，海南、广东、云南等地区发生严重；湖南、安徽、浙江、江西、贵州、四川等地区也有发生。

症状 枝条染病初期，生有灰黑色至紫黑色圆形至椭圆形病斑，后扩展为不规则大斑块，严重的布满整枝。夏季，病斑上会产生铁锈色毛毡状物（即病菌藻的子实体），病部产生裂缝及对夹叶，造成枝梢干枯，病枝上常出现杂色叶片。老叶染病初期，生有灰黑色圆形病斑，略突起，后变为紫黑色，其上也生铁锈色毛毡状物，后期病斑干枯，变为灰色至暗褐色。茶果染病，表面产生暗绿色至褐色或黑色略突起小病斑，边缘不整齐。

茶红锈藻病症状 （曾莉 摄）

病原特征　在茶树病枝上所见到的灰黑和黑紫色的绒状物是病原藻的营养体，紫红色铁锈是病原藻的繁殖体，其上生长孢囊梗和游走孢子囊。孢囊梗大小为（77.5～272.5）μm×（13～17）μm，顶端膨大，其上着生小梗，一般多为3个，每小梗顶生1个游走孢子囊。游走孢子囊圆形或卵形，大小为（34.1～45.4）μm×（28.5～35.6）μm，成熟后遇水可释放大量的双鞭毛椭圆形游走孢子。

发病规律　病原藻菌以营养体在病组织上越冬。孢子囊和游走孢子，借雨露水滴传播。茶树生活力的强弱，直接影响该病的发生程度。土壤瘠薄、缺肥或有硬土层、保水性差、易干旱、水涝等原因，致使树势衰弱的茶园以及过度荫蔽的茶园，均易发病。在降雨频繁，雨量充沛的季节，病害发生严重。

防治要点　（1）茶红锈藻菌是一种弱寄生藻，因此进行土壤改良，增施有机肥和磷肥，加强茶园管理等一系列措施，促使茶树在较短时期内恢复健壮生长，可使病情显著下降。（2）在发病高峰期前，喷施75%百菌清可湿性粉剂800～1 000倍液，或50%多菌灵可湿性粉剂800～1 000倍液，以控制病害的发展。绿藻的游走孢子对铜素很敏感，在非采摘茶园，可喷施0.2%硫酸铜等铜制剂进行保护。

茶膏药病

病原 灰色膏药病病原：*Septobasidium pedicellatum* (Schw.) Pat.，称柄隔担耳菌，属担子菌亚门，层菌纲，隔担菌目，隔担菌科，隔担耳属。褐色膏药病病原：*Septobasidium tanakae Miyabe*，称田中隔担耳菌，属担子菌亚门。分类地位同上。

分布 分布于安徽、浙江、江西、湖南、台湾等地区。

症状 茶膏药病主要发生在老茶树的茎干部。其发生一般是从危害茶树的介壳虫虫体上开始的。病菌以介壳虫分泌的汁液为营养，然后以此为基地向四周和上下扩展蔓延。病斑的色泽随病菌的种类而异，有紫褐色、红褐色、灰色、灰黑色、黄褐色、褐色等。形如膏药般贴附在枝干上，故名膏药病。

茶膏药病症状 （小泊重洋 提供）

茶膏药病症状　（小泊重洋　提供）

　　病原特征　灰色膏药病病原菌丝有两层，初生菌丝具分隔，无色，后期变为褐色至暗褐色，分枝茂盛相互交错成菌膜。子实层上先长出原担子，后在原担子上产生无色圆筒形担子，初直，后弯曲，大小 (20～40) μm×(5～8) μm，具分隔3个，每个细胞抽生一小梗，顶生1个担孢子。担孢子单胞无色，长椭圆形，大小 (12～24) μm× (3.5～5) μm。

　　褐色膏药病病原菌丝褐色具隔，也有两层，交错密集成厚膜，多从菌丝上直接产生担子，担子无色，棍棒状，具分隔3个，直或弯，大小 (27～53) μm× (8～11) μm，侧生的小梗上各生1个担孢子。担孢子无色，长椭圆形。

　　发病规律　病菌以菌丝体在茶树枝干上越冬。翌年春末夏初，湿度大时形成子实层，产

茶膏药病病原（引自江塚昭典）
1.担子和担孢子　2.担孢子

生担孢子。在雨季，病菌的担孢子通过介壳虫的爬行传播蔓延，也可借风雨传播，但它必须有介壳虫作为其生长发育的基物。土壤黏重，排水不良，隐蔽湿度大的老茶园易发病。

防治要点　（1）发病重的茶园，建议重剪或台刈，剪掉的枝条集中烧毁。（2）防治茶树介壳虫至关重要。具体方法参见茶树害虫有关介壳虫的防治方法。（3）在孢子盛发期间，可施0.7%石灰等量式波尔多液或20%的石灰水喷洒枝干，保护健康茶树免受侵染。

茶枝梢黑点病

病原 *Cenangium* sp.，属子囊菌亚门，盘菌纲，柔膜菌目，柔膜菌科，薄盘菌属。

分布 分布于全国各主要产茶区。

症状 发生在当年生的半木质化的红色枝梢上。受害枝梢初期出现不规则形的灰色病斑，以后逐渐向上、下扩展，长可达10～15cm，病斑呈灰白色，表面散生许多黑色带有光泽的小粒点，圆形或者椭圆形，向上突起，这便是病菌的子囊盘。发病严重的茶树叶梢芽叶稀疏、瘦黄，枝梢上部叶片大量脱落，在干旱季节，病梢上芽叶常表现萎蔫枯焦的现象，严重时全梢枯死。

茶枝梢黑点病危害状

病原特征　子囊盘初埋生于枝梢表皮下，后突破表皮外露，革质，无柄，散生，黑色，并带有光泽，直径0.5mm左右。子囊棍棒状，直或略弯，大小为（114～172）μm×（20～24）μm，内生8个子囊孢子，在子囊下班呈单行或者交互排列。子囊孢子无色、透明、单胞、长椭圆形或梭形、直或弯曲，大小为（22～42）μm×（5.5～7.7）μm，子囊间有侧丝，比子囊长，线形或有分枝，大小为（66～363）μm×（3.3～4.4）μm。

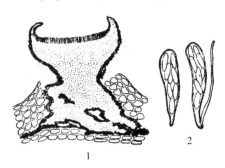

茶枝梢黑点病病原
1.子囊盘剖面　2.子囊和子囊孢子

发病规律　病菌以菌丝体和子囊盘在病枝梢皮层组织中越冬。温湿度适宜时，产生子囊和子囊孢子。成熟的子囊孢子借风雨传播，侵入茶树幼嫩新梢，所以5月上旬至6月上旬是茶枝黑点病的传播蔓延期。一般以台刈复壮茶园以及条栽壮龄茶园发生较重。品种间的抗性差异显著，一般枝叶生长茂盛、发芽早的品种较感病，而普通品种发病相对较轻。

防治要点　（1）因地制宜选用抗病品种。（2）剪除病梢。早春根据树势和头年病情决定修剪的深度，应尽可能将剪下的枯枝落叶清理出茶园并妥善处理。（3）化学防治。在发病盛期前喷杀菌剂。可用70%甲基硫菌灵可湿性粉剂1 000倍液、50%苯菌灵可湿性粉剂1 000倍液喷雾。

茶线腐病

病原　*Marasmius pulcher* (Berk. et Br.) Petch，属担子菌亚门，层菌纲，伞菌目，白蘑科，小皮伞菌属。

分布　主要分布于印度、斯里兰卡及我国的海南省。

症状　寄生性线腐病在茎部产生白色分枝的菌索，严重时整个枝条上形成白色菌膜状菌丝层，白色菌丝由茎部蔓延到枝叶上，被害叶片背面从叶柄部起形成白色扇状菌索，并通过叶痕进入茎内，被害枝叶逐渐枯死，但由于菌索黏结不易脱落而悬挂在树上。附生性线腐病在茎上呈薄膜状分布，在叶背形成菌索，表生性，死叶仍悬挂在茎上。夏季在病死枝叶背面还可产生淡黄色盔状伞菌子实体。病树生长衰弱，产量下降，严重时，整株死亡。

茶线腐病症状（引自江塚昭典）

病原特征　菌丝体壁厚，直径3μm。病死枝叶上所生的子实体盔状或肾状，淡黄色，直径达2.5μm。菌褶少，有时有分叉，一般有3～5个，形似木耳，菌褶上侧生担孢子。担孢子白色，船形，大小（6～8）μm×4μm。

发病规律　茶线腐病主要发生在山区阴湿茶园，在我国海南茶区每年10月以后菌索通过植株接触传播，也可形成担孢子借风雨传播，发病渐重，12月为发病盛期。高温干旱期病害受抑制。生长茂密、有遮阴的茶园发病严重。

防治要点　（1）合理修剪，剪下的病枝叶应携带出茶园外烧毁。人工清除树上的病枝叶可减少病原数量。（2）在发病地区，修剪后应喷施0.6%～0.7%石灰半量式波尔多液，以保护未感染的茶树。

茶枝癌病

病原 *Nectria* sp.，属子囊菌亚门，球壳菌目，肉座菌科，丛赤壳属。

分布 分布于四川、浙江等地区。

症状 危害根颈部。多从侵染的地方开始枯死，但通常具有带绿色的外表。病株树皮枯死脱落，露出木质部，病部表面粗糙不平。湿度大时，在被侵染的树皮上产生细小近浅红色的针头大小的粒点。病树树势逐渐衰弱。

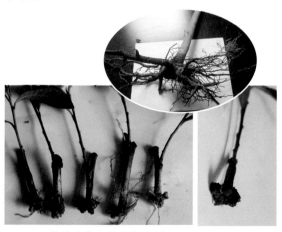

茶枝癌病危害症状　（李世洪、刘川丽　摄）

病原特征　在被侵害茎的裂缝处产生许多朱砂色至深红色的微细子囊果。子囊果呈球形或卵形，直径165～350μm，有乳头状突起，子囊为棍棒形，大小为（99～132）μm×（9.9～13.2）μm。子囊孢子椭圆形，无色双胞，大小（14.6～22.4）μm×（6.7～11.2）μm。

发病规律　以菌丝体及子实体在茶树病部越冬。子囊孢子靠雨水进行传播，从伤口侵入。春秋多雨季节发病重，成龄茶树易受感染。

防治要点　（1）冬季茶树修剪时在枯梢以下至少10cm处剪除病死枝条。（2）防治和避免出现伤口。（3）合理耕作促使茶树健康生长。

茶白纹羽病

病原 *Rosellinia necatrix* (Hartig) Berlses，属子囊菌亚门，球壳菌目，炭角菌科，座坚壳菌属。

分布 分布于中国主要产茶区，为日本茶区的主要根部病害。

症状 株地上部分的初期症状表现为生育不良，叶片发黄并提早脱落。病株茎基部和根的表面有密集的白色绵状菌丝束。在病根的树皮下面可形成扇形分枝的白色菌丝束，以后菌丝由白色转变为暗灰色，后期可形成菌核。还可以在病根上产生黑色刚毛状的分生孢子梗和白色粉状孢子堆以及黑色球状子囊壳。

茶白纹羽病症状

　　病原特征　子囊果为黑色，球形，集生。子囊为圆柱形，长柄。子囊孢子为船形，暗褐色，大小为(30 ～ 50)μm×（5 ～ 8）μm。分生孢子单胞，无色，椭圆形。菌丝体有2种，一种粗细一致，另一种呈梨形膨大。

　　发病规律　以菌丝束或菌核在病部或土壤中越冬，菌丝通过根部接触传播。土壤湿度大于70%时发病严重。

　　防治要点　参照茶根腐病。

茶苗白绢病

又称茶菌核性根腐病、菌核性苗枯病。

病原 有性世代为 *Pellicularia rolfsii* (Curiz) West，属担子菌亚门，多孔菌目，革菌科，伏革菌属。无性世代为 *Sclerotium rolfsii* Sacc.，属半知菌亚门，无孢菌目，小核菌属。

分布 全国各产茶省份均有发生。

症状 此病发生在茶苗近地面的茎基部，表面长有白色绵毛状的菌丝体，并能沿着茎秆向上部及土壤表面蔓延扩展，呈网状分布，形成一层白色绢丝状膜，以后在菌丝中形成白色

茶苗白绢病症状

小颗粒即菌核，菌核初为白色，后渐变为淡黄色至茶褐色。由于病部皮层腐烂，茶树水分和营养物质运输中断，致使茶叶枯萎脱落，最后整株死亡。

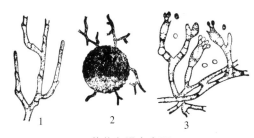

茶苗白绢病病原
1.在分隔处具锁状联合的菌丝体　2.菌核
3.担子和担孢子

病原特征　菌丝体初无色，后略带褐色，密集，形成菌核。菌核圆形，表面光滑、坚硬，黑褐色。在湿热条件下产生繁殖体，即担子和孢子，但不常见，传病作用也不大。

发病规律　茶苗白绢病由真菌侵染引起。主要以菌核或菌丝体在土壤中或附着在病株组织上越冬，菌核在土壤中可存活5～6年，翌年春夏当温湿度适宜时，即从菌核上长出白色绢丝状菌丝，沿土隙蔓延到邻株，或通过雨水、流水及耕锄时进行传播，也可随苗木调运至无病区。此病属于高温高湿性病害，病菌生长的最适温度为25～35℃。茶园土质黏重、酸碱度过高、排水不良或土壤贫瘠，都可使茶树生势减弱，从而易于病害的发生。

防治要点 （1）圃地选择。育苗地要选择土壤肥沃、土质疏松、排水良好的土地。（2）对引进茶苗进行检疫，选择无病苗木栽种。（3）加强土壤管理。增施有机肥，改良土壤，以提高茶树抗病力，减轻发病。（4）化学防治。发现病株，立即拔除，并将周围土壤一起挖除，换新土并施入杀菌剂如0.5%硫酸铜液或70%甲基硫菌灵可湿性粉剂1 000倍液进行消毒后，再补植茶苗。感病茶园喷施70%甲基硫菌灵可湿性粉剂1 000倍液，连喷3次，喷匀喷透，病株周围土壤都要喷到，严重病株用70%甲基硫菌灵可湿性粉剂1 000倍液对发病部位进行涂沫。

茶根腐病

病原 我国主要有茶红根腐病[*Poria hypolateritia* (Berk.) Cooke = *Ganoderma* sp.]和茶褐根腐病[*Phellinus noxius* (Corner) Cunn. = *Fomes noxius* Corner]，均属担子菌亚门，多孔菌目，多孔菌科，卧孔菌属。

分布 主要分布于广东、广西、云南等南部茶区，湖南、四川、贵州、浙江、安徽等茶区也有发生。

症状

茶红根腐病：染病株叶片稀疏，严重时整株枯死。一般情况下，病株上枯萎的叶片附着在枝上，经一段时间才脱落。拔出病根有时可见根表面着生有白色至红色革质分枝状菌膜，

茶红根腐病症状

后期变为暗红色至紫红色，剥开根部外皮可见皮层与木质部之间也有白色菌膜，木质部一般不具条纹。根颈处或茎部常有平伏的或灵芝状的子实体。

茶褐根腐病：病株的叶片变黄，凋萎的叶片在茶树枝干上仍可维持一段时间不脱落。病害的发展较慢。病根上黏附有泥沙和细石块的混合物，不易洗去，表面有褐色薄而脆的菌膜和铁锈色疏松的绒毛状菌丝体。在根部树皮和木材之间常有白色或黄色绒毛状菌丝体，后期木材部的剖面呈蜂窝状褐纹。

病原特征 病原菌有卧孔菌属和灵芝菌属。褐卧孔菌子实体初为浅黄色，后转红呈蓝灰色，平伏，紧贴在茎部或根颈处，厚3～6 mm，边缘白色，较狭，被绒毛。菌膜暗紫褐色，毡状，厚3 mm。担子宽棍棒状，大小 (9～105) μm× (4.5～5) μm。担孢子大小 (4～6) μm× (3.5～5) μm，亚球形至球形或三角形，光滑，无色。灵芝菌的子实体有短柄或无柄，有黄色、红褐色、灰色或黑色。菌管较长，5～7 mm，担孢子有或无。卵圆至椭圆形，浅黄褐色，大小为 (7～9) μm× (5.2～6.2) μm，外胞壁光滑。内壁具小刺。

茶褐根腐病病原菌子实体多年生，单生或覆瓦状，无柄，但有1较宽的基部附属物。一般平伏。菌盖 (5～13) cm× (6～25) cm×

（2～4）cm，壳状或紧贴而反卷；上表深红褐色至茶褐色，很快发黑，开始微被茸毛，后变成无毛，有时具窄的同心轮纹，边缘部白色，后成为同一色泽。菌肉厚达1cm，呈带金色的褐色，遇氢氧化钾发黑，每毫米有6～8个菌管，直径75～125μm，壁较厚，黄或黄褐色。菌肉刚毛状，菌丝辐射状排列，大小600μm×（4～13）μm，不分枝或很少分枝，具暗栗褐色的厚壁和细的腔。髓生刚毛状菌丝，大小（55～100）μm×（9～18）μm，具栗褐色的厚壁。

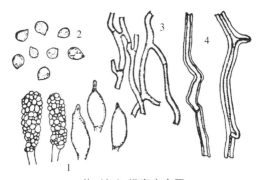

茶（红）根腐病病原

1.子实体和囊状体　2.担孢子
3.生殖菌丝　4.骨架菌丝

发病规律　林地初垦后残存的有病的树桩、树根、碎木块是茶树根腐病的侵染源。病菌以菌丝体或菌膜在土壤中或病根上越冬，条件适宜时长出营养菌丝通过伤口侵染根部。在茶园中病害主要通过病根与健根的接触进行传播，此外担孢子可借风雨传播。土壤潮湿、酸碱度过高、排水不良、有机质缺乏的茶园发生严重。

防治要点　根腐病类因其特殊的发病环境给防治带来一定难度，应采取预防为主，综合治理的植保方法来减少其对茶园造成的损失。(1) 开沟排水，及时排除茶园积水。增施有机肥，促使根系生长旺盛，增强抗病力，同时有利于土壤中能产生抗生素的细菌生长。当发现病株时，及时开深沟，将其与健株隔开，防止病菌蔓延。(2) 成片发病时用药液灌根，每7～10d灌一次，共灌2～3次。治疗后及时施肥，促使新根尽快生长。推荐药剂为40%敌磺钠可湿性粉剂600～800倍液灌根或70%甲基硫菌灵可湿性粉剂800～1 000倍液。

茶紫纹羽病

病原 *Helicobasidium purpureum* Pat.
= *H.mompa* Tanaka，属担子菌亚门，层菌
纲，木耳目，木耳科，卷担菌属。

分布 在全国各茶区均有分布。

症状 此病发生在茶树根部及近地面的
茎干。最先细根发病，呈黑褐色腐烂，后渐蔓
延至粗根，其上密布紫褐色的菌丝体，有时呈
根状分布，后期病根表面产生半球形颗粒状菌
核。菌丝体可蔓及地面茎干，至茎基20cm处，
茎干常被紫红色的菌丝层所包围，菌丝层质地
柔软，易于剥落。根部皮层被害腐烂，也易于
剥离。茶树根部受害后，轻者地上部枝叶呈黄
绿色，严重时，整株枯死。

病原特征 该菌有两种菌丝。侵入皮层的
称营养菌丝，寄生并附着在表面的称为生殖菌
丝。营养菌丝黄褐色，直径5～10μm，粗细
不一。生殖菌丝体为紫色，在土壤中呈垂直分
布，分布在5～25cm深的土层内，个别可深
达1.5m，缺氧时发育不好，但可存活50多天。
发育温度范围8～35℃，适温为27℃。土壤通
气性好、持水量60%～70%、pH5.2～6.4最
适合该菌繁殖。

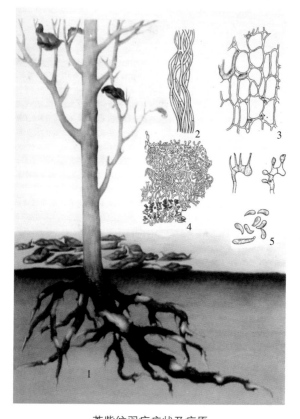

茶紫纹羽病症状及病原
1.症状 2.病原菌根状菌索 3.病组织细胞间隙的菌丝
4.病原菌子实层纵断面 5.担子及担孢子

发病规律 病菌以菌丝束或菌核在土壤中或以菌丝体在病残组织中越冬，该菌在土中可存活3～5年。病菌通过灌溉水或雨水、农具使土壤中的菌核及残存在病根里的菌丝与新寄生的根系接触进行传染。也可通过茶苗、桑苗、果树苗木、薯块及花生调运进行远距离传播。该病在地势低洼，排水不良，土壤黏重以及有机质含量高的茶园中发生较重，土壤过干发病也重。

防治要点　（1）选择无病地种植茶苗。（2）选用无病苗木。注意剔除病苗，必要时苗木用25%多菌灵可湿性粉剂500倍液浸根30min后再栽植。（3）施用酵素菌沤制的堆肥或腐熟的有机肥，改良土壤。雨后及时排水，防止湿气滞留或积水。（4）对局部发病的茶园，挖除病株及根部残余物，并在其周围挖40cm深沟，然后用40%福尔马林20～40倍液灌浇土壤，处理后覆土并用塑料布覆盖24h，隔10d后再浇灌1次，也可用50%甲基硫菌灵可湿性粉剂500倍液灌根。

茶 粗 皮 病

又称茶荒皮病。

病原 *Patellaria theae* Hara，属子囊菌亚门，柔膜菌目，胶皿菌科，胶皿菌属。

分布 分布在浙江、安徽等地区，国外日本也有发生。

症状 危害老茶树的中下部枝干。病部呈灰绿色，表面散生许多灰黑色回形突起斑块，后突破表皮，扩大成圆形、椭圆形或不规则形，直径1～5mm，表面稍扁平或突出成弧形，质地粗糙有纹理。病斑扩大互相融合成大病斑包围枝干，后期病部皮层常破裂剥落，形成皱缩大斑。

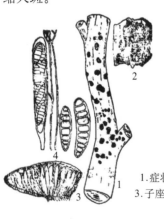

1.症状　2.病原菌子囊盘放大
3.子座　4.子囊侧丝和子囊孢子
（2～4仿原摄祐）

病原特征 子囊盘埋生于子座内，子囊盘革质，宽150～300μm，高90～120μm，内有排列成褶扇形的子囊。子囊呈棍棒状，大小为（80～120）μm×（15～22）μm，每个子囊内有4～6个斜列的子囊孢子。子囊孢子呈纺锤形或长椭圆形，有5～14个分隔，大小（44～55）μm×（7～9）μm，无色。侧丝顶端分支。

发病规律 以菌丝体或子囊盘在病部越冬，次年温湿度适宜时，形成子囊孢子，借雨水传播，侵染枝干。阴湿、衰老的茶园易于发病。

防治要点 （1）加强茶园管理，及时开沟排水，保持茶园通风透光。（2）台刈更新老茶树，并喷施杀菌剂。

苔藓和地衣

病原 我国为害茶树的苔藓有20多种，安徽、浙江等地区的优势种有多疣悬藓(*Barbella pendula* Fleis)、中华木衣藓(*Drummondia sinensis* Mill)等。地衣是真菌和藻类的共生体，普遍发生的有睫毛梅衣(*Parmelia cetrata* Ach)等。

分布 地衣、苔藓分布在全国各茶区。

症状 地衣是一种叶状体，青灰色，根据外观形状，可分为叶状、壳状和枝状地衣三种。叶状地衣扁平，形状似叶片，平铺在枝干表面，有的边缘反卷，仅以假根附着枝干，容易剥落；壳状地衣为一种形状不同的深褐色假根状体，紧贴在茶树枝干皮上，难于剥离，常见的有文字地衣，其呈皮壳状，表面具文字形黑纹；枝状地衣附生在枝干上呈树枝状，叶状体下垂如丝或直立。

苔藓是一种绿色植物，具有假茎和假叶，能营光合作用、制造养分，但没有真正的根，仅有丝状的假根附着于茶树枝干，吸收茶枝内的水分和养料。在茶枝上附着黄绿色形似青苔的是苔，呈丝状物是藓。

发病规律 地衣靠叶状体碎片进行营养繁殖，也可以真菌的孢子及菌丝体或藻类产生的

地衣危害茶树状　　（赵冬香　提供）

苔藓危害茶树状　　　（赵冬香　提供）

芽孢子进行繁殖。苔藓的有性繁殖体为叶茎状的配子体，并在其中产生孢子，以孢子随风雨传播为害茶树。

地衣和苔藓以营养体在枝干上越冬。早春气温升高至10℃以上时开始生长，产生的孢子经风雨传播蔓延。

防治要点　（1）及时清除茶园杂草，雨后及时开沟排水，防止湿气滞留。对受害重的衰老茶树，宜行台刈更新，台刈后要清除丛脚，并对缺口喷药保护。（2）施用酵素菌沤制的堆肥或腐熟的有机肥，合理采摘，使茶树生长旺盛，提高抗病力。（3）在非采摘季节，喷洒10%～15%石灰水、或6%～8%烧碱水，药效良好，并无药害。喷洒2%硫酸亚铁溶液，能有效地防治苔藓，发现地衣或苔藓的茶树还可喷洒1：1：100倍式波尔多液或12%松脂酸铜乳油600倍液。

茶苗根结线虫病

病原　南方根结线虫[*Meloidogyne incognita* (Kofoid et White) Chitwood]，属线形动物门，垫刃目，根结线虫属。此外，中国还有3种：花生根结线虫[*M.arenaria* (Neal) Chitwood]、爪哇根结线虫[*M. javanica* (Treub) Chitwood]和泰晤士根结线虫（*M.thamesi* Chitwood），也可危害茶苗。

分布　主要产茶国和中国各产茶区均有分布。

症状　危害1～2年生茶苗根系，病株主、侧根肿胀，形成大小不等的瘤状物，大如黄豆，小似油菜籽，表面粗糙，呈褐色。染病实生苗无侧根，畸形，有时末端反比前端粗。病株地上部分矮小，叶片变小黄化。引起大量落叶，直至整株死亡，造成缺苗断行。

茶苗根结线虫侵染普洱茶

病原特征 雌成虫柠檬形，头部尖，体膨大，长径为0.44～1.30mm，横径为0.33～0.7mm，黄白色。卵长椭圆形，无色透明。雄成虫和幼虫细长形，无色透明，雄虫长径为1.20～2.0mm，横径为0.03～0.04mm。

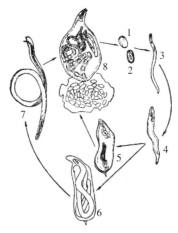

茶苗根结线虫

1.卵 2.卵中的一龄幼虫 3.侵染茶树根系的二龄幼虫
4.茶树根系内部的二龄幼虫 5.雌成虫前期
6.即将逸出的雄虫 7.雄虫 8.雌成虫及卵囊

发病规律 借助流水、农具等传播，从根尖侵入，刺激根部形成虫瘿。雌成虫固定在寄主内，雄成虫和幼虫可在土中自由生活。当土温在20～30℃、土壤湿度在40%～70%时，完成一代为20～30d。生长最适土温为

25～30℃，高于40℃或低于5℃时，线虫很少活动。沙质土壤通透性强，利于线虫活动，熟地比生荒地种茶发生重。三年生以上茶苗表现抗病。品种间有抗病性差异。

防治要点　（1）加强茶苗检查，防止病苗扩散，种植无病苗木。（2）增施有机肥，增加土壤中线虫天敌的数量。（3）夏季耕翻，暴晒土壤。（4）种植抑制线虫生长发育的绿肥，如猪屎豆、危地马拉草等。种植前，使用杀线虫剂控制病害扩展。

日本菟丝子

病原 *Cuscuta japonica* Choisy，属旋花科，菟丝子亚科，菟丝子属。

分布 分布于日本、斯里兰卡等产茶国和中国各茶区。

症状 当幼苗茎尖伸长遇到茶树，便缠绕在茎部产生吸盘，以吸根伸入寄主皮层，与寄主韧皮部相连，吸取养料和水分，并不断分枝蔓延。有成片群居的特性，在野外极易辨识。

日本菟丝子植株

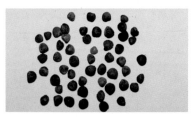

日本菟丝子种子

　　病原特征　菟丝子是全寄生性一年生双子叶植物，无根，茎较粗，为黄色或紫红色，如藤蔓缠绕在茶树枝干上。叶片退化。花白色或淡红色，小型，花序为穗状、总状或簇生成头状。果较大，为蒴果，球形或卵形。种子黄色，1～4粒。

　　发病规律　以种子落在土中越冬。次年夏季萌芽长出幼苗，夏季开花，秋季结果。种子成熟后又落入土中。

　　防治要点　（1）茶园深耕，将菟丝子种子埋入3cm以下的土层中。（2）剪除茶树上菟丝子，并携出园外，及时烧毁。

虫害

CHONGHAI

茶 尺 蠖

学名　*Ectropis obliqua* Prout（＝*Boarmia obliqua hypulina* Wehrli），属鳞翅目，尺蠖蛾科。

别名　拱拱虫、拱背虫、吊丝虫。

分布　分布于浙江、安徽、江苏、福建等地。

形态特征　成虫体长11mm，灰白色，触角丝状，灰褐色。头、胸背面厚被鳞片和绒毛，翅面疏被茶褐色鳞片。前翅具黑褐色鳞片组成的内横线、外横线、亚外缘线、外缘线各1条，弯曲成波状纹，外缘线色稍深，沿外缘有黑色小点7个；后翅有2条横纹，外缘有5个小黑点。卵椭圆形，初产时为绿色后变黄绿，再转为灰褐色，孵化前为黑色，常数十粒至百余粒成堆，上覆白色絮状物。初孵幼虫黑色，胸、腹部各节均具白纵线及环列白色小点。二龄幼虫体黑褐色，白点白线消失，腹部第一节背面具2个不明显的黑点，第二节背面生2个较明显的深褐色斑纹。三龄幼虫茶褐色，腹部第一节背面的黑点明显，第二节背面有1个黑纹呈八字形，第八节背面亦有不明显的倒八字形黑纹。四至五龄幼虫呈灰褐色至深褐色，自腹部第五节起背面出现黑色斑纹及重菱形纹。

蛹长椭圆形，赭褐色，臀棘近圆锥形，雄蛹臀棘末端具一分叉的短刺。

茶尺蠖雄虫　　　　　　　茶尺蠖雌虫
（罗宗秀　提供）　　　　（罗宗秀　提供）

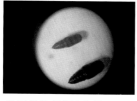

茶尺蠖雌雄蛹（上雄下雌）　　茶尺蠖预蛹
（边磊　提供）（泉州综合试验站　提供）

危害状　幼虫主要取食嫩叶和成叶，大发生时可将茶树老叶、新梢、嫩皮、幼果全部食光。幼虫孵化后爬至茶树顶部叶缘或叶面咬食表皮和叶肉，二龄后咬食叶片成C形缺口。

茶尺蠖及为害状（清远综合试验站　提供）

发生规律　浙江、安徽、江苏1年发生5～6代，以蛹在树冠下表土内越冬。翌年2月下旬至3月上、中旬成虫羽化产卵，4月初第一代幼虫始发，危害春茶。浙江杭州1～6代幼虫发生期分别为4月上旬至5月上旬、5月下旬至6月上旬、6月下旬至7月下旬、7月下旬至8月下旬、8月下旬至9月下旬、9月中旬至11月上旬，第二代后世代重叠，全年主害代为第四代。7～9月夏秋茶期间受害重。幼虫清晨、黄昏取食最盛。

防治要点　（1）物理防治：在茶尺蠖越冬期间，结合秋冬季深耕施基肥，清除树冠下表土中的虫蛹；利用成虫趋光性，用频振式杀虫灯在发蛾期诱杀成虫。（2）人工捕杀：根据幼虫受惊后吐丝下垂的习性，放鸡吃虫或人工捕杀。（3）生物防治：对一、二、五、六代茶尺蠖，提倡施用茶尺蠖核型多角体病毒，在一至二龄幼虫期，每亩喷施150亿～300亿个核型多角体病毒或苏云金杆菌制剂1亿个孢子。(4)化学防治：该虫一、二代发生较整齐，因此要认真做好防治工作，在此基础上重视7、8月防治。在幼虫三龄前施用2.5%鱼藤酮乳油300～500倍液、0.36%苦参碱水分散粒剂1 000～1 500倍液、苏云金杆菌(Bt)制剂300～500倍液、10%联苯菊酯乳油3 000～6 000倍液、15%茚虫威乳油2 500～3 500倍液、24%溴虫腈悬浮剂1 500～1 800倍液、10%氯氰菊酯乳油6 000倍液或20%除虫脲可湿性粉剂2 000倍液。该虫喜在清晨和傍晚取食，在4～9时或15～20时蓬面扫喷药剂效果好。

油桐尺蠖

学名 *Buzura suppressaria* Guenee，属鳞翅目，尺蠖蛾科。

别名 大尺蠖、量尺虫、拱背虫、柴棍虫。

分布 分布于中国大多数产茶区，以中南和西南茶区发生严重。

形态特征 雌蛾体长约24mm，翅展67～76mm。触角丝状，体、翅灰白色，前翅上有3条、后翅上有2条黄褐色波状横纹；雄蛾较雌蛾小，触角羽毛状，前、后翅上均有2条灰黑色波状横纹。卵为蓝绿色，数百粒至千余粒叠积成堆，上覆有黄色绒毛。幼虫成长后

油桐尺蠖蛹

油桐尺蠖卵　　　　油桐尺蠖卵（引自小泊重洋）

油桐尺蠖成虫（引自张汉鹄）　　油桐尺蠖幼虫

体长56～65mm，二龄后体色随环境而异，有深褐、灰绿、青绿等色，头部密布棕色颗粒状小点，头顶中央凹陷，两侧呈钝角状突起，前胸背面有2个突起。蛹为深褐至黑褐色，头顶有1对黑色突起，臀棘明显，其基部膨大，端部呈针状。

危害状　幼虫主要取食嫩叶和成叶，大发生时可将老叶、嫩茎全部食尽，使成片茶园成为光杆，严重影响茶叶产量和树势。

发生规律　长江中下游地区1年发生2～3代，华南3～4代，以蛹在根际表土中越冬，次年4月成虫羽化、产卵。2代区，第一、二代幼虫分别于5月中旬至6月下旬、7月中旬至8月下旬发生，有时发生3代，在9月下旬至11月中旬发生。4代区，各代幼虫发生盛期分别为4月中下旬、7月、9月和10月下旬至11月中旬。以夏、秋茶受害重。成虫白天静伏于茶园树术主干上，有趋光性。幼虫怕阳光，多在傍晚和清晨取食。

　　防治要点　（1）物理防治：在越冬期间，结合秋冬季深耕施基肥，清除树冠下表土中的虫蛹；利用成虫趋光性，用频振式杀虫灯在发蛾期诱杀成虫。（2）人工捕杀：可放鸡吃虫或人工捕杀。（3）化学防治：在幼虫三龄前施用2.5%鱼藤酮乳油300～500倍液、0.36%苦参碱可分散粒剂1 000～1 500倍液、苏云金杆菌(Bt)制剂300～500倍液、2.5%联苯菊酯乳油3 000～6 000倍液、15%茚虫威乳油2 500～3 500倍液、24%溴虫腈悬浮剂1 500～1 800倍液、10%氯氰菊酯乳油6 000倍液或20%除虫脲可湿性粉剂2 000倍液。

茶 银 尺 蠖

学名 *Scopula subpunctaria* Herrich et Schaeffer，属鳞翅目，尺蠖蛾科。

别名 青尺蠖、小白足蠖。

分布 分布于浙江、江苏、安徽、湖南、贵州及四川等地。

形态特征 成虫雌体长12～13mm，翅展31～36mm，体、翅均为白色，前翅有4条浅棕色波状横纹，翅尖有2个小黑点，后翅有3条波状横纹，前、后翅中央均有1个棕褐色圆点，触角丝状（雌）或羽毛状（雄）。成长幼虫体长22～27mm，青色，气门线银白色，体背面有黄绿色和深绿色纵线各10条，节间处有乳黄色环纹。

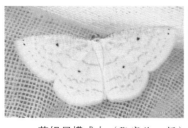
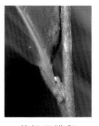

茶银尺蠖成虫（张家侠 摄）　茶银尺蠖卵

茶银尺蠖蛹
（张家侠　摄）

茶银尺蠖幼虫及危害状
（清远综合试验站　提供）

危害状　以幼虫咬食叶片进行危害。成虫将卵散产于新梢叶腋处，幼虫咬食叶片成C形缺口，严重时将叶片全部吃光，仅留主脉。老熟时吐丝将枝叶稍叠结，后倒挂化蛹于其中。

发生规律　浙江1年发生6代，以幼虫在茶树中、下部叶片上越冬，次年3月中旬化蛹，4月中旬成虫大量羽化。第一代幼虫在5月上旬至6月上旬发生，以后约每隔1月发生1代。二至六代幼虫发生期分别为6月中旬至7月上旬、7月中旬至8月上旬、8月中旬至9月上旬、9月下旬至11月上旬、12月上旬至翌年

4月上旬。成虫趋光性强，卵散产，多产于茶树枝梢叶腋和腋芽处。

　　防治要点　（1）物理防治：在越冬期间，结合秋冬季深耕施基肥，清除树冠下表土中的虫蛹；利用成虫趋光性，用频振式杀虫灯在发蛾期诱杀成虫。（2）人工捕杀：可放鸡除虫或人工捕杀。（3）化学防治：在幼虫三龄前施用2.5%鱼藤酮300～500倍液、0.36%苦参碱可分散粒剂1 000～1 500倍液、苏云金杆菌(Bt)制剂300～500倍液、10%联苯菊酯乳油3 000～6 000倍液、15%茚虫威乳油2 500～3 500倍液、24%溴虫腈悬浮剂1 500～1 800倍液、10%氯氰菊酯乳油6 000倍液或20%除虫脲可湿性粉剂2 000倍液。

木 檫 尺 蠖

学名 *Culcula panterirnria* Bremer et Grey，属鳞翅目，尺蠖蛾科。

分布 分布于中国大多数产茶地区。

形态特征 成虫头金黄色，腹部白色，散生灰色、橙色斑；前后翅白色，散生大小不等的灰色或橙色斑点，前翅基部有1块大圆形橙色斑，近外缘有1排橙色及深褐色圆斑；雌蛾腹部肥大，触角丝状，腹末有黄色毛丛；雄蛾体较瘦小，触角栉状，腹末无毛丛。卵椭圆形，翠绿色，孵化前变黑。老熟幼虫体长约70mm，体灰褐或绿色，随寄主枝干颜色变化，体上散有灰色斑点。头部密布乳白色及褐色泡沫状突起，头顶左右呈圆锥状突起，前胸背面有2个角状突起。蛹黑褐色，颅顶两侧具明显的齿状突起。

木檫尺蠖成虫
（夏声广、熊兴平 摄）

木檫尺蠖幼虫
（夏声广、熊兴平 摄）

危害状　幼虫主要取食嫩叶和成叶，大发生时可将老叶、嫩茎全部食尽，使成片茶园成为光杆，严重影响茶叶产量和树势。

发生规律　长江中下游地区1年发生2～3代，华南3～4代，以蛹在根际表土中越冬，次年4月成虫羽化、产卵。2代区，第一、二代幼虫分别于5月中旬至6月下旬、7月中旬至8月下旬发生，有时发生3代，在9月下旬至11月中旬发生。4代区，各代幼虫发生盛期分别为4月中下旬、7月、9月、10月下旬至11月中旬。以夏、秋茶受害重。成虫白天静伏于茶园树木主干上，有趋光性。幼虫怕阳光，多在傍晚和清晨取食。

防治要点　(1) 物理防治：在越冬期间，结合秋冬季深耕施基肥，清除树冠下表土中的虫蛹；利用成虫趋光性，用频振式杀虫灯在发蛾期诱杀成虫。(2) 人工捕杀：可放鸡除虫或人工捕杀。(3) 化学防治：在幼虫三龄前施用2.5%鱼藤酮乳油300～500倍液、0.36%苦参碱可分散粒剂1 000～1 500倍液、苏云金杆菌(Bt)制剂300～500倍液、10%联苯菊酯乳油3 000～6 000倍液、15%茚虫威乳油2 500～3 500倍液、24%溴虫腈悬浮剂1 500～1 800倍液、10%氯氰菊酯乳油6 000倍液或20%除虫脲可湿性粉剂2 000倍液。

茶用克尺蠖

学名 *Junkowskia athleta* Oberthur，属鳞翅目，尺蠖蛾科

别名 云纹尺蠖。

分布 国内已知分布于长江以南等产茶区，安徽、江苏、浙江、江西、湖南、贵州、广东、海南、台湾、山东等地区也有分布。国外分布于朝鲜、日本。

形态特征 成虫体长18～25 mm，翅展39～59 mm。体、翅灰褐色至赭褐色，复眼黑色，头、胸多灰褐色毛簇。前后翅外横线外侧均有一咖啡色斑。前翅中室上方有一深色斑。前后翅反面深灰色，均有横线。腹部深灰色，第一腹节背面有灰黄色横带纹。雌蛾触角线形，雄蛾双栉形。成长幼虫体长30～53 mm，茶褐色至咖啡色，体表布满黄白或黑色间断

茶用克尺蠖成虫（引自张汉鹄）

的波状纵纹，第八腹节背面有明显的突起。共
5～6龄。

危害状　初孵幼虫集中在芽梢嫩叶上，形
成发虫中心，自叶缘取食叶肉，残留表皮形成
圆形枯斑，二龄食成孔洞，三龄后逐渐分散，
食尽全叶，四龄后暴食。

发生规律　世代及生活史在浙江杭州一带
年发生4代，广东英德6代，以低龄幼虫在茶
树上越冬，但无明显冬眠现象，高于10℃时仍
少量取食。在广东少数以蛹在根际土中越冬。
成虫多在夜晚羽化，趋光性强，羽化当晚交
尾，次日开始产卵。卵块产于茶树枝干或附近
林木枝干裂缝内。

防治要点　参照茶尺蠖。

灰茶尺蠖

学名 *Ectropis grisescens* Warren，属鳞翅目，尺蠖蛾科。

分布 分布于湖南、江西等地。

形态特征 成虫雌体长13～20mm，翅展47～55mm，体、翅褐色，前、后翅均有3～4条不规则略平行的褐色波状横纹，翅底灰褐色并有一深褐色长点。雄蛾色较深，腹末有1束绒毛。幼虫灰绿至灰褐色，一龄期体侧有1条白线，二龄时白线消失，成长后体长41～58mm，暗紫褐色，第二腹节背面有2个褐色突起。

灰茶尺蠖蛹

灰茶尺蠖成虫

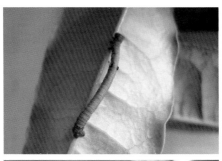

灰茶尺蠖幼虫

危害状　以幼虫咬食叶片进行危害。

发生规律　在长沙年发生4代，以蛹在土中越冬。每年7～8月间的第三、四代发生较多。

防治要点　(1) 扑打成虫。(2) 防治各代蛹期，特别是越冬蛹期，结合茶园耕作施肥，将蛹翻至表土。(3) 保护天敌。天敌有蜘蛛、螳螂等。(4) 化学防治参见茶尺蠖。已发现有灰茶尺蠖核型多角体病毒，可以作为灰茶尺蠖的防治手段。

茶 毛 虫

学名 *Euproctis pseudoconspersa* Strand，属鳞翅目，毒蛾科。

别名 茶毒蛾、摆头虫、毒毛虫。

分布 分布于陕西、江苏、安徽、浙江、福建、台湾、广东、广西、江西、湖北、湖南、四川、贵州等地。

形态特征 成虫体长6～13mm，雄蛾翅棕褐色，雌蛾翅黄褐色。前翅浅橙黄色至黄褐色，前翅前缘橙黄色，中央均有2条淡色带纹，翅尖顶角黄斑上有2个黑点。卵扁圆形，浅黄色，卵块被毛。老熟幼虫体长10～25mm，黄褐

茶毛虫卵

茶毛虫初羽化雌成虫

茶毛虫初羽化雄成虫

色，布褐色小点，具光泽，密生黄褐色细毛；背线暗褐色，亚背线、气门上线棕褐色，体背和侧面都有黑褐色绒球瘤，上簇生黄白色毒毛。蛹圆锥形，黄褐色，被短毛，臀棘长，末端长钩刺1束，外有黄色丝质茧，长椭圆形。

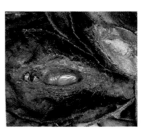

茶毛虫幼虫　　　　　　　茶毛虫蛹

危害状　以幼虫咬食叶片进行危害，严重时可将叶片食光，影响茶叶产量、树势。幼虫体上毒毛触及人体皮肤会红肿痛痒，严重影响茶园管理。雌蛾产卵于老叶背面，幼虫孵化后群集在老叶背面，咬食下表皮和叶肉，留上表皮呈黄绿色半透明薄膜状。三龄起开始分群向上迁移，数十头至百余头整齐排列在叶片上，同时咬食叶片成缺口。

发生规律　江苏、浙江中北部、安徽、四川、贵州、陕西1年发生2代，浙江南部、江西、广西、湖南3代，福建3～4代，台湾5代，以卵块在茶树中、下部老叶背面越冬。年发生3代地区，幼虫发生危害期为4月上旬至5

月下旬、6月下旬至7月下旬、8月下旬至10月上旬。

防治要点　（1）人工捕杀：在11月至翌年3月人工摘除越冬卵块，生长季节于幼虫一至三龄期摘除有虫叶片；在茶毛虫盛蛹期进行中耕培土，在根际培土6～7cm，以阻止成虫羽化出土；成虫喜在16时前后羽化，此时多伏于茶丛或行间不活动，可人工踩杀。（2）灯光诱杀：在成虫羽化期，进行灯光诱杀和性信息素诱杀。（3）生物防治：防治时期掌握在幼虫三龄前，建议在幼虫幼龄期用每克含100亿活孢子的杀螟杆菌或青虫菌喷雾，也可用每毫升含100亿个茶毛虫核型多角体病毒，选择无风的阴天或雨后初晴时进行喷雾防治。（4）化学防治：在三龄幼虫前用15%茚虫威乳油2 500～3 500倍液、24%溴虫腈悬浮剂1 500～1 800倍液、10%醚菊酯乳油2 000倍液、10%氯氰菊酯乳油、2.5%氯氟氰菊酯乳油或10%联苯菊酯乳油3 000～6 000倍液喷雾防治。

茶黑毒蛾

学名 *Dasychira baibarana* Matsumura，属鳞翅目，毒蛾科。

别名 茶茸毒蛾。

分布 分布于浙江、安徽、福建、湖南、贵州、台湾等地。

形态特征 雌蛾体长 15～20mm，翅展 32～40mm；雄蛾体长 12～14mm，翅展 27～30mm。体、翅为栗黑色，腹部背面有 3～4 束黑色毛丛，触角羽毛状。前翅近顶角处有 3～4 条颜色深浅不一的纵纹，中后部有 1 个灰白色斑块和 1 个黑褐色斑块相连，近臀角处还有 1 个白色斑点。卵为灰白色，球形，顶端凹陷，质地硬，直径约为 0.8mm，平铺成卵块。蛹为黑褐色，背面披有许多棕色毛，体长 11～17mm。茧棕褐色，丝质，松软。

茶黑毒蛾成虫（张家侠　摄）

茶黑毒蛾茧
（张家侠　摄）

茶黑毒蛾幼虫　（龙正权　摄）

危害状　以幼虫咬食叶片进行危害，大发生时可将嫩梢、叶片食光，造成茶叶减产和树势衰退。成虫趋光性强，卵产于茶丛基部老叶背面或附近杂草上，幼虫孵化后群集在茶丛中下部叶背面，取食下表皮和叶肉，二龄后期分散到茶丛上部，咬食叶片成缺口。幼虫具有假死性，受惊后会蜷缩坠地，老熟后爬至茶丛根际枝桠间、落叶下或土隙间结茧化蛹。

发生规律　浙江、安徽、福建1年发生4～5代，以卵在茶树叶背、细枝或枯草上越冬，在杭州于翌年3月下旬至4月上旬孵化。第一至四代幼虫分别发生在3月下旬至5月上旬、5月下旬至7月上旬、7月中旬至8月中旬、8月下旬至10月中旬。成虫趋光性强，喜温暖潮湿气候，长江中下游以夏茶受害重，高温干旱年份发生少。

防治要点　（1）人工捕杀：在11月至翌年3月间人工摘除越冬卵块，生长季节于幼虫一至三龄期摘除有虫叶片；在盛蛹期进行中耕培土，在根际培土6～7cm，以阻止成虫羽化出土。（2）灯光诱杀：在成虫羽化期，进行灯光诱杀和性信息素诱杀。（3）化学防治：在三龄幼虫前用15%茚虫威乳油2 500～3 500倍液、24%溴虫腈悬浮剂1 500～1 800倍液、2.5%溴氰菊酯乳油6 000～8 000倍液、10%氯氰菊酯乳油、2.5%氯氟氰菊酯乳油或10%联苯菊酯乳油3 000～6 000倍液喷雾防治。

茶白毒蛾

学名 *Arctornis alba* Bremer，属鳞翅目，毒蛾科。

分布 在我国大部分产茶区均有分布。

形态特征 成虫体长 14～15mm，翅展约 37～45mm。体翅呈白色，雄蛾体型略小于雌蛾。翅面鳞片较薄，有微绿色丝绒光泽。触角呈双栉齿状，前、中足胫节和跗节上有黑斑。末龄幼虫体长约30mm，体色和毛疣多变，大体有两种类型：一种头为赤褐色，体黄褐色，亚背线黑褐色，每体节上有8个疣状突起，其上丛生白色长毛及黑色、棕色和白色短毛，胸

茶白毒蛾幼虫
（陈庆昌　摄）

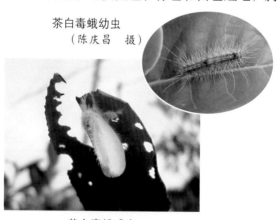

茶白毒蛾成虫

部及尾部疣突上的毛较长，分别向前、后上方伸出，腹面紫色或紫褐色；另一种体为褐色，各体节疣状突起上丛生棕黄色短毛，无长毛。

危害状　初孵幼虫多爬至叶背进行危害，先取食叶片下表皮和叶肉，留上表皮呈枯黄色透明不规则斑块。二龄后沿叶缘咬食叶片呈缺刻，也有少数幼虫常停留在叶片正面主脉处，取食上表皮和叶肉。二龄后分散危害。幼虫行动迟缓，受惊动后虫体弯曲，迅速弹跳逃避。幼虫老熟后吐少量丝，缀结2、3叶，以腹末的钩刺倒挂化蛹于其中。

发生规律　长江中下游一般每年发生6代。以幼虫在茶丛中、下部叶背越冬。成虫日间栖息于茶丛枝叶间，夜晚活动，有趋光性，雌蛾体肥胖，飞翔力弱。羽化后1～2d内交尾。一般老茶园、管理粗放的茶园及平地茶园发生较多，山地茶园则发生较少。天敌是制约茶白毒蛾种群发生的重要因素。

防治要点　茶白毒蛾的卵块在叶正面，部分幼虫也在叶正面，目标明显，蛹也容易发现，因此可结合田间管理，人工摘除卵块和虫蛹。茶白毒蛾发生虽普遍，但零星分散，一般可结合其他害虫防治。如需单独防治，用药种类同茶毛虫。

茶小卷叶蛾

学名　*Adoxophyes honmai* Yasuda，属鳞翅目，卷蛾科。

别名　小黄卷叶蛾、棉褐带卷叶蛾、舐皮虫。

分布　分布于中国各产茶地区。

形态特征　成虫体长约7mm，翅展16～20mm，淡黄褐色。前翅有淡褐色斑块和斜带纹，中部一条纹向后呈H形分叉，近顶角处的1条呈V形。卵椭圆形，扁平，淡黄色，近百粒卵在叶背呈鱼鳞状排列。幼虫成长后体长16～20mm，头黄褐色，体绿色，前胸盾板淡黄褐色。蛹长约10mm，黄褐色。

茶小卷叶蛾卵
（王沅江　摄）

茶小卷叶蛾成虫
（福建宁德综合试验站　提供）

茶小卷叶蛾幼虫

茶小卷叶蛾蛹
（引自小泊重洋、士屈川知广）

危害状　幼虫将嫩叶和成叶卷成虫苞，匿居其中取食进行危害。初孵幼虫趋嫩危害，爬至新梢顶端初展新叶正面的叶尖部，吐丝将两侧向内卷，匿居其中咀食上表皮和叶肉，或在新芽缝隙中取食。随虫龄增加，虫苞也增大，成长后将邻近2叶乃至整个芽梢缀结成虫苞，在苞内取食，后期能危害老叶。幼虫受惊时会迅速退出虫苞，吐丝下坠或弹跳逃脱。老熟后在苞内化蛹。

茶小卷叶蛾危害状
（李艳霞　摄）

发生规律　贵州、陕西1年发生4代，安徽、江苏、浙江、江西5代，湖北、湖南5～6代，广东6～7代。我国茶区多以二龄以上幼虫在卷叶内结灰白色茧越冬，极少以蛹越冬。

翌年开春后当气温上升到7～10℃时开始危害。安徽南部茶区，越冬幼虫于翌年3月中、下旬开始危害，4月上、中旬化蛹。一至五代幼虫危害期分别为4月下旬至5月下旬、6月中旬至下旬、7月中旬至8月上旬、8月中旬至9月上旬、10月上旬至翌年4月前。在福建，各代始见期分别为3月中旬、5月中旬、6月下旬、8月上旬、9月中旬和11月中旬。除一代发生较整齐外，以后各代有不同程度世代重叠，以二代发生危害最为严重。成虫白天多栖息于茶丛中下部，夜晚交配产卵，有趋光性，喜糖醋和酒糟气味。卵块产于茶树中下部的老叶背面。幼虫活泼，三龄后受惊常弹跳逃脱坠地，老熟后即在苞内化蛹。

防治要点 （1）加强茶园管理，科学修剪，剔除有虫苞、卷叶，及时中耕除草，使茶园通风透光。（2）春季采茶时，注意采摘卵块，捏死初孵幼虫和苞内幼虫。（3）成虫发生期设置诱虫灯或糖醋液诱杀成虫。（4）在一至二龄幼虫盛发期，及时喷洒0.36%苦参碱可分散粒剂1 000～1 500倍液、2.5%鱼藤酮乳油300～500倍液、10%联苯菊酯乳油3 000～6 000倍液或2.5%氯氟氰菊酯乳油3 000～4 000倍液。

茶卷叶蛾

学名 *Homona coffearia* Nietner，属鳞翅目，卷蛾科。

别名 褐带长卷叶蛾、后黄卷叶蛾、茶淡黄卷叶蛾、柑橘长卷蛾。

分布 分布于中国长江流域以南各产茶地区。

形态特征 成虫体长8~11mm，翅展23~30mm，体黄褐色，前翅桨形，翅面淡棕色，多暗色细横纹，翅基部、顶角处及中部具褐色斜带，后翅淡黄色。雄蛾前翅斑纹色较深，前缘中部有一暗斑，近肩角有一半椭圆形的暗色前缘褶向上翻折。卵扁平，椭圆形，淡

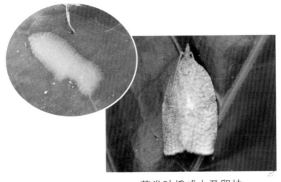

茶卷叶蛾成虫及卵块
(福建省农业科学院茶叶研究所)

黄色，呈鱼鳞状排列成卵块。幼虫成长后体长18～26mm，头褐色，体黄绿至灰绿色。前胸盾板新月形，褐色，侧下方有2个小褐点。

茶卷叶蛾幼虫及蛹
（福建省农业科学院茶叶研究所）

危害状　幼虫初期在茶树顶部嫩叶尖吐丝卷叶危害，留下表皮，形成透明枯斑，后期将数叶结成较大虫苞，匿居苞内，老熟后在苞内化蛹。在局部茶区发生严重，影响茶叶产量。

茶卷叶蛾危害状
（福建省农业科学
院茶叶研究所）

发生规律 长江下游年发生4代，以幼虫在卷叶中越冬，每年5、6月多雨季节发生的第一、二代种群较多。宜在温暖湿润条件下发生，梅雨及秋雨季节发生多，干旱季节虫口密度一般较低。以茶树长势旺盛，芽叶稠密，少采或留养不采的茶园发生较多。

防治要点 （1）加强茶园管理，科学修剪，剔除有虫苞、卷叶，及时中耕除草，使茶园通风透光。（2）春季采茶时，注意采摘卵块，捏死初孵幼虫和苞内幼虫。（3）成虫发生期设置诱虫灯或糖醋液诱杀成虫。（4）在一至二龄幼虫盛发期，及时喷洒0.36%苦参碱可分散粒剂1 000～1 500倍液、2.5%鱼藤酮乳油300～500倍液、10%联苯菊酯乳油3 000～6 000倍液或10%氯氟氰菊酯乳油6 000～8 000倍液。

茶 细 蛾

学名　*Caloptilia theivora* Walsingham，属鳞翅目，细蛾科。

别名　三角苞卷叶蛾、幕孔蛾。

分布　分布于中国各产茶区。

形态特征　成虫体长4～6mm，触角丝状，头、胸暗褐色，颜面被黄色毛。前翅狭长，褐色，带紫色光泽，近中央处有1个金黄色三角形大纹达前缘。后翅暗褐色，缘毛

茶细蛾成虫

茶细蛾幼虫

长。腹部背面暗褐色，腹面金黄色。雌蛾末节被暗褐色长毛。卵扁平，椭圆形，无色。幼虫乳白色，半透明，口器褐色，单眼黑色，体表具白短毛，低龄阶段体略扁平，头小胸部大，腹部由前向后渐细，后期体呈圆筒形，能看见深绿色至紫黑色的消化道。蛹圆筒形，浅褐色，头顶有1个三角形刺状突起，腹末有8枚

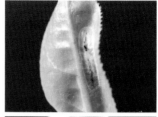

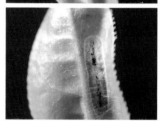

茶细蛾茧

茶细蛾蛹（引自小泊重洋）

小突起。茧长椭圆形，灰白色。

危害状 幼虫潜食嫩叶叶肉，或将嫩叶卷成虫苞匿居其中取食进行危害，是趋嫩性很强的食叶性害虫。幼虫排出的粪粒聚积在虫苞内，污染茶叶，影响茶叶品质。成虫产卵于叶片背面，幼虫孵化后即潜入叶内，在一、二龄期潜食叶肉，

形成白色线状弯曲的潜痕；三龄和四龄前期，将叶缘向叶背卷折，形成卷苞，在苞内咀食叶肉；四龄后期和五龄期，将叶尖反卷成三角苞，匿居三角苞内取食。幼虫老熟后爬至下部成叶叶背结茧化蛹。

茶细蛾危害状

茶细蛾潜叶期
（引自小泊重洋）

茶细蛾三角包
（引自小泊重洋）

发生规律　长江中下游茶区1年发生7代，以蛹在茶树中下部叶背结茧越冬。翌春4月成虫羽化产卵，在浙江杭州一至七代幼虫发生期分别为4月上旬至5月上旬、5月下旬至6月中旬、6月下旬至7月上旬、7月中旬至8月上旬、8月中旬至9月上旬、9月中旬至10月中旬、10月上旬至11月上旬。蛹多在清晨羽化，成虫昼伏夜出，有趋光性，卵散产在嫩叶背面，芽下第二叶居多。

防治要点　（1）物理防治：在越冬期间，结合秋冬季深耕施基肥，清除树冠下表土中的虫蛹；利用成虫趋光性，用频振式杀虫灯在发蛾期诱杀成虫。（2）人工捕杀：可放鸡除虫或人工捕杀。（3）化学防治：在幼虫三龄前施用2.5%鱼藤酮乳油300～500倍液、0.36%苦参碱可分散粒剂1 000～1 500倍液、苏云金杆菌(Bt)制剂300～500倍液、10%联苯菊酯乳油6 000倍液、15%茚虫威乳油2 500～3 500倍液、24%溴虫腈悬浮剂1 500～1 800倍液、10%氯氰菊酯乳油6 000倍液或20%除虫脲可湿性粉剂2 000倍液。

茶 蓑 蛾

学名 *Cryptothelea minuscula* Butler，属鳞翅目，蓑蛾科。

别名 茶袋蛾、小袋蛾、小窠蓑蛾。

分布 分布于中国各产茶地区。

形态特征 雄蛾体长11～15mm，翅展20～30mm，深褐色，前翅沿翅脉色深，近外缘有2个近方形透明斑。雌蛾无翅，蛆状，黄白色，长12～16mm。卵椭圆形，乳黄色。幼虫成长后体长16～26mm，头黄褐色，具褐色条纹斜置并列。胸、腹部肉黄色，背中色较深，胸侧有2条褐色纵纹，各腹节有4个黑色小点突，排成八字形。蛹长11～18mm，咖

茶蓑蛾幼虫（徐德良　提供）

茶蓑蛾蛹（徐德良　提供）

茶蓑蛾护囊

啡色，腹末有2枚短棘。雄蛹较小，具翅芽与足；雌蛹较大，蛆状。护囊纺锤形，成长幼虫护囊长25～30mm，囊外缀贴断残枝梗，纵向排列紧密整齐。

危害状　主要以幼虫咬食叶片进行危害，还需为筑造护囊咬取小枝干。一般在局部地块中发生严重，种群数量大时可将叶片、小枝全部咬成秃枝，严重影响茶叶产量和树势。

发生规律　贵州1年发生1代，安徽、浙江、江苏、湖南1～2代，江西2代，台湾2～3代，多以三至四龄幼虫在枝叶上的护囊内越冬。该虫喜集中危害，安徽、浙江带2～3月间，气温10℃左右，越冬幼虫开始活动和取食，由于此间虫龄高，食量大，成为茶园早春的主要害虫之一。一至二代区幼虫发生期为6月下旬至9月上旬、9月上旬至次年6月下旬，以7～8月危害最重。

防治要点　(1)进行茶园管理时，发现虫囊及时摘除，集中烧毁。(2)注意保护寄生蜂等天敌昆虫。(3)生物防治：在一至二龄幼虫期提倡喷洒每克含100亿活孢子的杀螟杆菌或青虫菌。(4)化学防治：在幼虫低龄期用15%茚虫威乳油2 500～3 500倍液、24%溴虫腈悬浮剂1 500～1 800倍液、10%氯氟氰菊酯乳油或10%联苯菊酯乳油3 000～6 000倍液喷雾防治。

大蓑蛾

学名 *Cryptothelea variegata* Snellen，属鳞翅目，蓑蛾科。

别名 大窠蓑蛾、大袋蛾、大背袋虫。

分布 分布于中国各产茶地区。

形态特征 雄蛾体长15～17mm，翅展35～44mm。体、翅褐色，前翅翅脉暗褐色，近外缘有4～5个半透明斑块。雌蛾蛆状，淡黄色，无翅，长约25mm。卵椭圆形，淡黄色。幼虫成长后，雌虫体肥多皱纹，长25～40mm，头赤褐色，无斑纹，胸背灰黄褐色，背线黄色，两侧各有一赤褐色纵斑，腹部灰褐至黑褐色，有光泽；雄虫体长17～24mm，头黄褐色，中央有一白色人字纹，胸部灰黄褐色，背侧有2个褐色纵斑，腹部黄褐色，背面较暗。蛹长20～30mm，雌蛹蛆状，雄蛹具翅芽与足。成长幼虫护囊长40～60mm，坚实。囊外常贴附较大而完整的叶片和少量枝梗。

大蓑蛾幼虫（张连合，2010）

危害状　主要以幼虫咬食叶片进行危害，还需为营造护囊咬取叶片和小枝干。一般在局

部地块中发生严重，种群数量大时可将叶片、小枝、嫩皮全部食成秃枝，严重影响茶叶产量和树势，甚至整丛

大蓑蛾护囊及危害状
（张连合　提供）

茶树枯死。

发生规律　贵州1年发生1代，安徽、浙江、江苏、湖南1～2代，江西2代，台湾2～3代，多以老熟幼虫在枝叶上的护囊内越冬。在安徽合肥，幼虫在4月底至5月下旬初开始化蛹，5月下旬为成虫发生高峰，6月上旬为卵孵化高峰，以8～9月危害最重。

防治要点　(1) 进行茶园管理时，发现虫囊及时摘除，集中烧毁。(2) 注意保护寄生蜂等天敌昆虫。(3) 生物防治：在一至二龄幼虫期提倡喷洒每克含100亿活孢子的杀螟杆菌或青虫菌。(4) 化学防治：在幼虫低龄期用15%茚虫威乳油2 500～3 500倍液、24%溴虫腈悬浮剂1 500～1 800倍液、10%氯氟氰菊酯乳油或10%联苯菊酯乳油3 000～6 000倍液喷雾。

茶褐蓑蛾

学　名　*Mahasena corona* Sonan，属鳞翅目，蓑蛾科。

别　名　茶褐背袋虫。

分　布　分布江苏、浙江、安徽、江西、福建、台湾、湖南、广东、四川、贵州、云南等地区。

形态特征　雄蛾体长约15mm，翅展约24mm，体、翅褐色，翅面具金属光泽。雌蛾体长约15mm，无翅，蛆状，乳白色。卵椭圆形，乳黄色。成长幼虫体长18～25mm，头褐色，有淡色横斑，胸部背板淡黄色，两侧各有2个黑斑，腹部黄褐色，臀板黄色。蛹赤褐色，雄蛹有翅芽与足，雌蛹蛆状。护囊长25～40mm，疏柔，由许多大的碎片叶缀结而成。

危害状　主要以幼虫咬食叶片进行危害，还需为营造护囊咬取大量叶片。一般在局部地块发生严重，影响茶

茶褐蓑蛾幼虫（张连合　提供）

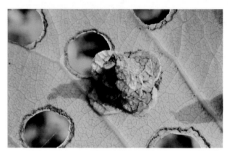

茶褐蓑蛾护囊及危害状

(张连合 提供)

叶产量和树势。7月幼虫危害茶树，咬食叶片成孔洞和缺口。具有危害中心。

发生规律 1年发生1代，多以低龄幼虫越冬，翌年春暖继续危害，6月化蛹并羽化为成蛾，栖息在茶丛内中下部。7月出现当年幼虫危害。

防治要点 （1）进行茶园管理时，发现虫囊及时摘除，集中烧毁。（2）注意保护寄生蜂等天敌昆虫。（3）生物防治：在一至二龄幼虫期提倡喷洒每克含100亿活孢子的杀螟杆菌或青虫菌。（4）化学防治：在幼虫低龄期用15%茚虫威乳油2 500～3 500倍液、10%氯氟氰菊酯乳油或10%联苯菊酯乳油3 000～6 000倍液喷雾。

茶 小 蓑 蛾

学名 *Acanthopsyche* sp.，属鳞翅目，蓑蛾科。

分布 分布于淮河以南，西自云南、贵州，东至东部沿海、台湾，北自安徽、河南、湖北，南至两广、海南。西藏、陕西不详。

形态特征 雄蛾体长约4～5mm，翅展12～15mm，体、翅深茶褐色，体被白色细毛，前翅茶褐色，后翅淡茶褐色，翅腹面银灰色；雌蛾蛆状，体长6～8 mm，头小，赤褐色，胸、腹部黄白色，胸部弯曲。成长幼虫体长6～10mm，头咖啡色，多深褐色花纹。体黄白色，前胸背板咖啡色，中、后胸背面各有咖啡色斑纹4块，背中央2块较大而明显，腹部第八和第九节背面分别有褐色斑点2和4个。腹末臀板深褐色，并有4对刚毛。

茶小蓑蛾幼虫（张连合 提供）

茶小蓑蛾护囊及危害状（张连合 提供）

危害状 幼龄幼虫蚕食叶片成透明不规则枯斑，三龄后咬食叶片成洞孔，并常啃食枝梢和幼果皮层。幼虫老熟时先纺一根长约10mm的丝悬挂于枝叶下，下端与囊口相连，封口后化蛹于囊内。雄护囊多悬挂于茶丛下荫处，雌护囊则以茶丛上部叶片茂密处为多。

发生规律 在浙江、安徽每年发生2代，以三至四龄幼虫越冬，第一至二代幼虫分别于6月底、8月底盛发。在华南茶区如福建、广东、广西每年发生3代。广西3代幼虫分别于4月中下旬、6月下旬至7月上旬和8月下旬至9月上旬开始发生，11月中旬开始以老熟幼虫越冬。茶小蓑蛾多在7:00～12:00羽化，雄蛾日间活动尤以黄昏前活动最盛，丛间飞舞，觅雌交尾。晴天日间多在叶背或丛内，黄昏至清晨或阴天爬至叶面取食。

防治要点 除茶小蓑蛾护囊小难采除外，其余参照茶蓑蛾。

白囊蓑蛾

学名 *Chalioides kondonis* Matsumura，属鳞翅目，蓑蛾科。

别名 棉条蓑蛾、橘白蓑蛾。

分布 分布于中国淮河以南产茶地区。

形态特征 雄蛾体长8～11mm，翅展18～20mm，体淡褐色，多白毛，腹末黑色，翅透明，雌蛾体长9～14mm，无翅，蛆状，黄白色。卵椭圆形，乳黄色。成长幼虫体长25～30mm，头褐色，有淡色条纹，胸背有深褐色纵斑，腹部黄白色，背面有深褐色点纹。雄蛹赤褐色，有翅芽和足，雌蛹淡褐色，蛆状。幼虫成长后护囊长30～40mm，细长，灰白色，丝质紧密，无枝叶贴附。

危害状 幼虫咬食叶片成孔洞，一般在局部地块零星发生。

发生规律 1年发生1代，以幼龄幼虫越冬，翌年春暖时继续危害。当年幼虫于7月下旬始发，具危害中心。

防治要点 参照茶蓑蛾。

白囊蓑蛾护囊
（严固章、梁遂权、张春蓓 提供）

茶刺蛾

学名 *Iragoides fasciata* Moore，属鳞翅目，刺蛾科。

别名 茶奕刺蛾、茶角刺蛾。

分布 分布于浙江、安徽、江西、湖南、贵州等地。

形态特征 成虫体长12～16mm，翅展25～30mm。体茶褐色，触角暗褐色，栉齿状，但栉齿甚短。翅褐色，前翅有3条不明显的暗褐色斜纹，翅基部和端部色较深。卵椭圆形，扁平，长约1mm。幼虫黄绿色，成长后体长30～35mm，长椭圆形，头端稍大，背面隆起呈屋脊状，体背有11对、体侧有9对突起，突起上着生刺毛，在体背第二对和第三对突起间有1个绿色或紫红色的肉质角状大突起，伸向上前方，背线蓝绿色，中部有一红褐色或

茶刺蛾成虫

茶刺蛾茧

茶刺蛾幼虫　　　（张家侠　提供）

浅紫色菱形斑块，其前、后方各连接1个小斑块，有的个体两侧各有1列红点。茧近圆形，质地较硬，大小为14～15mm。

危害状　以幼虫咬食叶片进行危害。一、二龄幼虫取食下表皮和叶肉，留上表皮呈嫩绿色半透明薄膜状；三龄幼虫取食时叶片上呈不规则孔洞；四龄起可食全叶，但一般取食叶片的2/3后转叶继续取食，大发生时仅留叶柄，茶树一片光秃。

发生规律　浙江、湖南、江西1年发生3代，广西4代，以老熟幼虫在茶树根际落叶和表土中结茧越冬。在浙江，越冬幼虫4月化蛹，5月羽化，3代幼虫发生期分别为5月中旬至6月下旬、7月中旬至8月下旬、9月中旬至翌年4月上旬。成虫有趋光性，卵散产于茶树中、上部背近边缘处。

防治要点 （1）在茶树越冬期结合施肥和翻耕，将茶树根际附近的枯枝落叶及表土清至行间，深埋入土。（2）利用成虫趋光性，在成虫盛发期用频振式杀虫灯诱杀。（3）夏季低龄幼虫群集危害时，摘除虫叶，人工捕杀幼虫。（4）生物防治：幼龄幼虫期用白僵菌或苏云金杆菌，每公顷7.5kg对水后为1 500倍液，喷雾。（5）在二至三龄幼虫发生初期使用15%茚虫威乳油2 500 ～ 3 500倍液、24%溴虫腈悬浮剂1 500 ～ 1 800倍液、10%联苯菊酯乳油3 000 ～ 6 000倍液喷雾防治。

扁 刺 蛾

学名 *Thosea sinensis* Walker，属鳞翅目，刺蛾科。

别名 黑点刺蛾。

分布 分布于中国各产茶地区。

形态特征 成虫体长 10 ～ 18mm，翅展 26 ～ 35mm，体、翅灰褐色，前翅外横线处有 1 条与外缘平行的暗褐色弧形纹，雄蛾前翅中央还有 1 个黑点。幼虫鲜绿色，椭圆形，背面缓缓隆起呈弧形，体上有 4 列突起，其中亚背线处的突起小，侧面的突起粗长，伸向四周呈放射状，第四节背面两侧各有 1 个红点。茧黑褐色，近圆形，较坚硬。

扁刺蛾成虫 （无锡综合试验站 提供）

扁刺蛾茧
(夏声广　提供)

扁刺蛾幼虫

危害状　以幼虫咬食叶片进行危害。一般零星发生,局部地区发生严重时可将茶树食成秃枝,影响茶叶产量和树势。成虫将卵散产于叶正面,幼虫栖息在叶背,幼龄时咬食下表皮和叶肉,成长后咬食叶片成平直缺口。

发生规律　在安徽、浙江、湖南、江西等茶区1年发生2代,少数3代,以老熟幼虫在茶树根际表土中结茧越冬,次年初夏开始化蛹。浙江茶区2代幼虫发生危害期分别在6月下旬至7月下旬、8月中旬至翌年4月下旬。

防治要点　(1)在茶树越冬期结合施肥和翻耕,将茶树根际附近的枯枝落叶及表土清至行间,深埋入土。(2)利用成虫趋光性,在成虫盛发期用频振式杀虫灯诱杀。(3)夏季低龄幼虫群集危害时,摘除虫叶,人工捕杀幼虫。

（4）生物防治：幼龄幼虫期用白僵菌或苏云金杆菌，每公顷7.5kg对水后为1 500倍液，喷雾。（5）在二至三龄幼虫发生初期使用15%茚虫威乳油2 500 ~ 3 500倍液、24%溴虫腈悬浮剂1 500 ~ 1 800倍液、10%联苯菊酯乳油3 000 ~ 6 000倍液喷雾防治。

褐 刺 蛾

　　学名　*Thosea haibarana* Matsumura，属鳞翅目，刺蛾科。

　　分布　分布于中国各产茶地区。

　　形态特征　成虫体长15～18mm，翅展31～39mm，全体土褐色至灰褐色；前翅前缘近2/3处至近肩角和近臀角处，各具1个暗褐色弧形横线，两线内侧衬影状带，外横线较垂直，外衬铜斑不清晰，仅在臀角呈梯形。雌蛾体色，斑纹较雄蛾浅。卵扁椭圆形，黄色，半透明。幼虫体长35mm，黄色，背线天蓝色，各节在背线前后各具1对黑点，亚背线并节具1对突起，其中后胸及一、五、八、九腹节突起最大。茧灰褐色，椭圆形，大小为14～15mm。

褐刺蛾幼虫（王沅江　摄）

危害状　以幼虫咬食叶进行为害，体上刺毛触及人体皮肤会红肿痛痒，影响茶园管理。雌蛾产卵于叶背，幼虫孵化后栖居在叶背危害，低龄幼虫咬食下表皮和叶肉，成长后自叶尖咬食叶片成平直缺口，如刀切，老熟后爬至茶丛根际浅土中结茧化蛹。

发生规律　1年发生2～4代，以老熟幼虫在树干附近土中结茧越冬。3代区成虫分别在5月下旬、7月下旬、9月上旬出现。成虫夜间活动，有趋光性，卵多成块产在叶背，幼虫老熟后入土结茧化蛹。

防治要点　（1）在茶树越冬期结合施肥和翻耕，将茶树根际附近的枯枝落叶及表土清至行间，深埋入土。（2）利用成虫趋光性，在成虫盛发期用频振式杀虫灯诱杀。（3）夏季低龄幼虫群集危害时，摘除虫叶，人工捕杀幼虫。（4）生物防治：幼龄幼虫期用白僵菌或苏云金杆菌，每公顷7.5kg对水后为1 500倍液，喷雾。（5）在二至三龄幼虫发生初期使用15%茚虫威乳油2 500～3 500倍液、24%溴虫腈悬浮剂1 500～1 800倍液、10%联苯菊酯乳油3 000～6 000倍液喷雾防治。

丽 绿 刺 蛾

学名 *Parasa lepida* Gramer，属鳞翅目，刺蛾科。

别名 青刺蛾、棕边绿蜗蛾、四点刺蛾、曲纹绿刺蛾。

分布 分布于中国大多数产茶地区。

形态特征 成虫体长 10～17mm，翅展 35～40mm，头顶和胸背绿色，胸背中央有一纺锤形褐色大斑，前翅绿色，基部有 1 个半椭圆形褐斑，沿外缘有一深褐色阔带，腹部及后翅黄色。卵黄绿色，扁平，鱼鳞状排列成卵块。幼虫黄绿色，体上有 4 列突起，二至七龄期体背第二、三、九、十对突起长而大；八至九龄时突起大小一致，刺毛嫩绿色，体背第三对突起上夹杂 3～6 根红色刺毛，腹部末端有 4 个黑色绒球状瘤突。茧棕褐色，椭球形，长 14～17mm。

丽绿刺蛾幼虫和成虫

丽绿刺蛾茧　　　　　丽绿刺蛾幼虫
（引自《中国茶树害虫及其无公害治理》）

危害状　以幼虫咬食叶片进行危害，一般在局部地块中零星发生。幼虫体上刺毛触及人体皮肤会红肿痛痒。幼龄幼虫群集在叶背取食下表皮和叶肉，三龄后开始分群危害，使虫枝上多数叶片出现不规则大枯斑，六龄后咬食叶片成平直缺口，老熟时爬至主干基部枝桠下方结茧化蛹。

发生规律　1年生2代，以老熟幼虫在枝干上结茧越冬。翌年5月上旬化蛹，5月中旬至6月上旬成虫羽化并产卵。一代幼虫危害期为6月中旬至7月下旬，二代为8月中旬至9月下旬。成虫有趋光性，雌蛾喜欢晚上把卵产在叶背上，十多粒或数十粒排列成鱼鳞状卵块，上覆一层浅黄色胶状物。每只雌蛾产卵期2～3天，产卵量100～200粒。低龄幼虫群集性强，三至四龄开始分散，共8～9龄。老熟幼虫在茶树中下部枝干上结茧化蛹。

防治要点　（1）在茶树越冬期结合施肥和

翻耕，将茶树根际附近的枯枝落叶及表土清至行间，深埋入土。(2) 利用成虫趋光性，在成虫盛发期用频振式杀虫灯诱杀。(3) 夏季低龄幼虫群集危害时，摘除虫叶，人工捕杀幼虫。(4) 生物防治：幼龄幼虫期用白僵菌或苏云金杆菌，每公顷用7.5kg，对水后为1 500倍液，喷雾。(5) 在二至三龄幼虫发生初期使用15%茚虫威乳油2 500 ~ 3 500倍液、10%联苯菊酯乳油3 000 ~ 6 000倍液喷雾防治。

黄 刺 蛾

学名 *Cnidocampa flavescens* Walker，属鳞翅目，刺蛾科。

别名 洋辣子、八角等。

分布 分布于中国各产茶区。

形态特征 成虫体肥大，黄褐色，头胸及腹前后端背面黄色；触角丝状，灰褐色；复眼球形黑色；前翅顶角至后缘基部1/3处和臀角附近各有1条棕褐色细线，内侧线的外侧为黄褐色，内侧为黄色，沿翅外缘有棕褐色细线，黄色区有2个深褐色斑；后翅淡黄褐色，边缘色较深。卵椭圆形，表面有线纹，初产时黄白，后变黑褐，数十粒块生。幼虫体长16～25mm，肥大，呈长方形，黄绿色，背面有1个紫褐色哑铃形大斑，边缘发蓝；腹部第

黄刺蛾幼虫（夏声广　提供）

黄刺蛾茧 （夏声广 提供） 黄刺蛾成虫
（夏声广 提供）

二节以后各节有4个横列的肉质突起，上生刺
毛与毒毛，其中以三、四、十、十一节上的较
大；气门红褐色，气门上线黑褐色，气门下线
黄褐色。蛹椭圆形，黄褐色。茧石灰质坚硬，
椭圆形，大小为10～12mm，上有灰白和褐色
纵纹似鸟卵。

危害状　幼虫孵化后即在叶背取食下表皮
和叶肉，形成半透明枯斑。三龄后在夜晚和清
晨爬至叶面活动，一般自叶尖蚕食，形成较平
直的吃口，常食至2/3叶后便转叶继续取食。

发生规律　在东北和华北地区1年发生1
代，山东为1～2代，河南、江苏、四川、浙
江等地为2代，以老熟幼虫在枝条上结茧越
冬。1代区成虫于6月中旬出现，幼虫发生期
在7月中旬至8月下旬。二代区成虫发生盛期
在5月上、中旬，第一代幼虫发生期在6月上
旬至7月中旬，第一代成虫发生期为7月中、

下旬至8月下旬，盛期为8月上、中旬，第二代幼虫危害期为8月下旬至9月中旬。

防治要点　（1）在茶树越冬期结合施肥和翻耕，将茶树根际附近的枯枝落叶及表土清至行间，深埋入土。（2）利用成虫趋光性，在成虫盛发期用频振式杀虫灯诱杀。（3）夏季低龄幼虫群集危害时，摘除虫叶，人工捕杀幼虫。（4）生物防治：幼龄幼虫期用白僵菌或苏云金杆菌，每公顷用7.5kg，对水后为1 500倍液，喷雾。（5）在二至三龄幼虫发生初期使用15%茚虫威乳油2 500～3 500倍液、24%溴虫腈悬浮剂1 500～1 800倍液、10%联苯菊酯乳油3 000～6 000倍液喷雾防治。

龟形小刺蛾

学名 *Narosa nigrisigna* Wileman，属鳞翅目，刺蛾科。

别名 红点龟形小刺蛾、黑纹白刺蛾。

分布 分布于中国浙江、湖南及贵州等地。

形态特征 成虫体长6～9mm，翅展18～25mm，体白色，前翅灰褐色。具白色云状纹。翅中央有一黑点，中外部近前缘有一长形弯曲的黑斑，沿外缘有一黑色阔带。阔带中间有一白线，内侧有9个半圆形黑斑横排成弧形，幼虫短龟形，成长后体长8～10mm，中胸背板深褐色，上有6个浅黄色斑块；体翠绿色至黄绿色；表皮光滑较硬，无

龟形小刺蛾成虫

刺毛，体背纵列椭圆形、菱形及三角形隐斑。有的个体亚背线处有2～4个红点。茧腰鼓形，上有褐色纵纹和白色横纹，两端有灰白色圆圈，圆圈中央有一深褐色圆点，大小为5～6mm。

危害状 以幼虫咬食叶片进行危害，一般在局部茶区零星发生。

龟形小刺蛾茧

龟形小刺蛾幼虫

　　发生规律　长江中下游茶区1年发生3代，以老熟幼虫在枝干上结茧越冬，翌年4月化蛹。第一、二、三代幼虫盛发期分别在6月上旬、7月下旬及9月中旬。幼虫咬食叶片成孔洞或缺口。老熟后在叶背或枝干上结茧化蛹。

　　防治要点　摘除虫茧，其余参照茶刺蛾。

茶 蚕

学名 *Andraca bipunctata* Walker，属鳞翅目，蚕蛾科。

别名 茶狗子、无毒毛虫、茶叶家蚕。

分布 分布于中国各产茶地区。

形态特征 雌蛾体长15～21mm，暗黄褐色，前翅有3条暗褐色横纹，中央有一黑点，翅尖镰钩状。雄蛾体长12～15mm，色较暗，前翅线纹不明显，翅尖平直。幼虫成长后体长38～60mm，各节有黄白色纵纹11条、横纹3条相互交织，构成方格形斑块。

茶蚕卵寄生蜂

茶蚕蛹
（曾信光 提供）

茶蚕幼虫在茶树枝条上群集
（曾信光 提供）

危害状　以幼虫互相缠绕在茶枝上蚕食叶片进行危害。种群密度大时可将叶片食光，影响茶叶产量和树势。幼虫具群集性，先在叶背取食，三龄后在枝上缠绕成团，大量蚕食叶片，并渐分群，老熟后爬至根际落叶中结茧化蛹。雌蛾笨拙，雄蛾善飞翔。

茶蚕的天敌
蚕饰腹寄蝇

茶蚕田间危害状，叶片被食尽
（曾信光　提供）

发生规律　浙江、安徽、江西1年发生2～3代，福建、台湾3～4代，广东、海南4代，一般以蛹在土表、落叶中越冬，翌年4月中旬羽化。2代区第一、二代幼虫分别在5～6月、8～10月发生。3代区各代幼虫分别在4～6月、6～8月、9～10月发生。幼虫有群集性，日夜取食；老熟后，爬至茶丛基部表土层或枯枝落叶中结茧化蛹。

防治要点　(1) 人工捕杀群集幼虫。(2) 结合冬季茶园管理，培土灭蛹或将茶丛根际枯枝落叶埋入土中。(3) 幼龄幼虫期喷施苏云金杆菌或茶蚕颗粒体病毒。三龄前用化学农药喷杀。

茶 斑 蛾

学名 *Eterusia aedea* Linnaeus，属鳞翅目，斑蛾科。

分布 分布于中国各产茶地区。

形态特征 成虫体长17～20mm，翅展55～66mm，头、胸、腹基部及翅均蓝黑色，有光泽，腹中、后部黄色。前翅基部以及前、后翅中部和外部各有一黄白色阔带，其中前翅基部的阔带短而小，外部的阔带不规则，阔带均由蓝黑色翅脉分割成许多长形斑块。雌蛾触角基部丝状，端部羽毛状，末端弯曲成球状；雄蛾触角羽毛状。成长幼虫体长20～30mm，黄褐色，粗壮，满布瘤突，瘤突上簇生短毛。

茶斑蛾幼虫
（广东清远综合试验站　摄）

茶斑蛾成虫

危害状　以幼虫咬食叶片进行危害。一般零星发生，局部茶园发生严重时可将叶片食光，形成秃枝。主要危害成叶和老叶，一龄幼虫群集在茶丛中下部叶背咬食下表皮和叶肉，二龄后逐渐分散，成长后咬食叶片成缺口，老熟后在叶片上结茧化蛹。

发生规律　1年发生2代，以幼虫在茶丛根际枯枝落叶间或土缝隙内越冬，翌年春暖后上树继续危害。第一、二代幼虫发生期分别在6～8月、10～4月（翌年）。老熟后在叶片上结茧化蛹。

防治要点　（1）在茶树越冬期结合施肥和翻耕，将茶树根际附近的枯枝落叶及表土清至行间，深埋入土。（2）利用成虫趋光性，在成虫盛发期用频振式杀虫灯诱杀。（3）夏季低龄幼虫群集危害时，摘除虫叶，人工捕杀幼虫。（4）生物防治：幼龄幼虫期用白僵菌或苏云金杆菌，每公顷用7.5kg，对水后为1 500倍液，喷雾。（5）在二至三龄幼虫发生初期使用15%茚虫威乳油2 500～3 500倍液、24%溴虫腈悬浮剂1 500～1 800倍液、10%联苯菊酯乳油3 000～6 000倍液喷雾防治。

茶丽纹象甲

学名 *Myllocerinus aurolineatus* Voss，属鞘翅目，象甲科。

别名 茶叶小象甲、黑绿象甲虫、小绿象鼻虫、长角青象虫。

分布 分布于中国浙江、安徽、江西、福建、湖南、云南等地。

形态特征 成虫体长约6～7mm，灰黑色，覆有黄绿色鳞片集成的斑点和条纹，近中部至两侧有一较宽的黑色横带。卵乳白色，椭圆形。幼虫乳白色，肥胖无足，多横皱纹，成长后体长约5～6mm。蛹乳黄色，长椭圆形，长约6mm。

茶丽纹象甲幼虫

茶丽纹象甲成虫

茶丽纹象甲蛹

危害状　以成虫咬食叶片进行危害，在局部茶区发生严重。成虫羽化后先在土中潜伏二三天，再出土爬上茶树，咬食叶片呈不规则缺口。雌成虫交尾后将卵产于茶树根际1～2cm深的表土中。幼虫孵化后生活在土中，取食有机质和细根。

茶丽纹象甲危害状（张家侠　提供）

发生规律　1年发生1代，以幼虫在茶丛树冠下土中越冬，浙江杭州越冬幼虫在4月下旬陆续化蛹，5月中旬开始羽化、出土，5～6月为成虫危害盛期。

防治要点　（1）人工捕杀：利用成虫的假死性，在成虫发生高峰期在地面铺塑料薄膜用振荡法捕杀成虫。（2）茶园耕作：在7～8月份结合施基肥进行茶园耕锄、浅翻、深翻，可明显影响初孵幼虫的入土及此后幼虫的生存，其防效可达50%。（3）生物防治：可选用白僵菌871菌粉每667m^{2}1～2kg拌细土撒施于土表。（4）化学防治：绿色食品茶园、低残留茶园，按每公顷虫量在150 000头以上，于成虫出盛期喷施98%杀螟丹可湿性粉剂1 000倍液、10%联苯菊酯乳油3 000～6 000倍液。一般茶园可喷施倍硫磷乳油1 000倍液等。

绿鳞象甲

学名 *Hypomeces squamosus* Fabricius，属鞘翅目，象甲科。

别名 蓝绿象、绿绒象虫、棉叶象鼻虫、大绿象虫。

分布 分布于中国淮河以南各产茶地区。

形态特征 成虫体长约15mm，黑色，密被绿色、黄绿色或黄褐色鳞片，有闪光。初孵幼虫乳白色；老熟时黄白色，长15～17mm。

绿鳞象甲成虫

危害状 以成虫咬食叶片进行危害。一般靠近山边和杂草丛生的茶园中发生较多。成虫咬食茶树叶片成不规则缺口，善爬行不善飞，具假死性。卵、幼虫、蛹均生活在土中，幼虫取食土壤中有机质与细根。

发生规律 1年发生1代。以幼虫或成虫越冬，在广东成虫于每年4～6月发生，危害最盛，至年终仍可见成虫危害。在浙江、江西

绿鳞象甲危害状

一带，发生期要迟1～2个月，成虫具假死性，卵、幼虫、蛹均生活在土中。

防治要点 （1）人工捕杀：利用成虫的假死性，在成虫发生高峰期在地面铺塑料薄膜用振荡法捕杀成虫。（2）茶园耕作：在7～8月份结合施基肥进行茶园耕锄、浅翻、深翻，可明显影响初孵幼虫的入土及此后幼虫的生存，其防效可达50%。（3）生物防治：可选用白僵菌871菌粉每667m² 1～2kg拌细土撒施于土表。（4）化学防治：绿色食品茶园、低残留茶园，按每公顷虫量在150 000头以上，于成虫出盛期喷施98%杀螟丹可湿性粉剂1 000倍液、10%联苯菊酯乳油3 000～6 000倍液。一般茶园可喷施倍硫磷乳油1 000倍液等。

茶芽粗腿象

学名 *Ochyromera quadrimaculata* Voss，属鞘翅目，象甲科。

别名 茶四斑小象甲。

分布 分布于福建、浙江、湖南、贵州、江西等地。

形态特征 成虫体长2.8～3.6mm，宽1.3～1.8mm，长椭圆形，黄褐色至深褐色，密被银灰色短毛。头部向前延伸管状喙，雄虫喙与前胸约等长，雌虫喙长于前胸。触角膝状，着生于管状喙距基部约2/3处。前胸宽大于长，两侧呈圆弧形。鞘翅背面较隆起，肩明显。翅面近中部有一倒八字形的黑褐色斑纹，近末

茶芽粗腿象成虫

端有1对褐色圆斑。前足腿节粗壮，其后端有1个大而明显的三角形齿突。卵椭圆形，乳白色。幼虫体长4.0～4.5mm，头棕黄色，体乳白色，肥而多皱，多细毛，无足，尾部背侧有1对小角突。蛹椭圆形，长约3.9mm，白至

淡黄色，背隆起并长有毛突，复眼棕黄色。翅白，有9条纵脊。腹末有2枚短刺。

危害状 该虫趋嫩性强，均在春梢嫩叶背活动栖息，主要的危害部位为芽下第一叶至第三叶。自叶尖、叶缘开始咬食下表皮及叶肉，残留上表皮，呈现多个半透明小圆斑；进而随取食孔洞增加，即连成不规则的黄褐色枯斑，叶片反卷，受害边缘呈焦状枯黄，且易掉落，叶上留有黑毛粪粒。成虫往往从茶树下部开始咬食叶片成许多小孔洞，待到茶蓬面出现危害症状时，已是虫害高峰。

茶芽粗腿象危害状

发生规律 1年发生1代，以幼虫在茶丛根际土壤中越冬。卵多产于茶树根际落叶和表土中。幼虫孵化后即潜入表土，取食须根。成虫爬行敏捷，不善飞行，具假死性，白天常躲在茶丛内，傍晚至清晨（一般为下午6时至第二天早晨7时）活动取食。

防治要点　（1）在7～8月份结合施基肥进行茶园耕锄、浅翻、深翻可明显影响初孵幼虫的入土及此后幼虫的生存，其防效可达50%。（2）茶芽粗腿象的天敌有蜘蛛、蚂蚁、步甲等，保护和利用这些天敌，发挥它们对该虫的自然控制效能，减轻危害。在阴天、雨后或早晚湿度大时可选用白僵菌菌粉每667m²1～2kg拌细土撒施于土表，防治幼虫或蛹。（3）利用成虫的假死性，在成虫发生高峰期在地面铺塑料薄膜用振荡法捕杀成虫。（4）绿色食品茶园、低残留茶园，于成虫出盛期喷施2.5%联苯菊酯乳油750～1 000倍液（合每667m² 75～100mL，安全间隔期7d）。一般茶园可喷施50%倍硫磷乳油1 000倍液（合每667m² 125mL，安全间隔期10d）等。

角胸叶甲

学名 *Basilepta melanopus* Lefever，属鞘翅目，叶甲科。

分布 分布于中国福建、江西、湖南、广东等地区。

形态特征 成虫体长3～4mm，体宽1.5～2.0mm，棕黄色。前胸背板上刻点较大而密，排列不规则，侧缘前端1/3处向外突出成钝角，后端1/3处向外尖突。鞘翅宽于前胸，有刻点11列，排列整齐。幼虫体黄白色，多横皱。

角胸叶甲成虫

（王沅江 提供）

危害状 成虫白天静伏于土面枯枝落叶下，早晚取食，咬食叶片成孔洞。具有假死性。成虫产卵于表土和枯枝落叶下，幼虫孵化后生活在土中，取食茶树根系。

发生规律 1年发生1代，以幼虫在土中越冬，翌年4～5月上旬成虫羽化出土，4～6月为成虫危害期。

防治要点 防治要点参照茶丽纹象甲。

角胸叶甲危害状 （王沅江 提供）

红褐斑腿蝗

学名 *Catantops pinguis* Stal，属直翅目，蝗虫科。

分布 分布于中国南方各地区。

形态特征 雌成虫体长31～35mm，雄成虫体长25～27mm，黄褐色或暗褐色。头短，头顶较窄。前胸背板上有3条明显的横沟，中隆线较低，在横沟处切断。后足腿节背面和外侧上缘有不完整的暗褐色斑纹，内侧红、黄色，具暗褐色斑纹。

红褐斑腿蝗成虫
（广东清远综合试验站　摄）

危害状　以成虫和若虫咬食叶片进行危害，一般在局部地区零星发生。1年发生1代，以成虫在杂草上越冬。每年6月下旬若虫开始孵化，9月中下旬为成虫羽化盛期。若虫和成虫咬食嫩梢芽叶成不规则缺口。

发生规律　1年约发生1代，以卵在土壤中越冬，卵多产于较潮湿的向阳坡地及田埂上。成、若虫多在秋季发生，将作物叶片食成孔洞或缺口，降低茶叶产品质量。

防治要点　茶园及四周垦荒除草。人工捕杀成、若虫。种群密度大时在若虫期用化学农药喷杀。

短额负蝗

学名 *Atractomorpha sinensis* Bolivar，属直翅目，蝗虫科。

分布 分布于中国南方各地区。

形态特征 雌成虫体长28～35mm，雄成虫体长19～23mm，体草绿色或黄绿色。自复眼的后下方沿前胸背板侧片的底缘，有略呈淡红色的纵条纹和淡色的颗粒。头锥形，顶端较尖。颜面隆起较狭，有明显的纵沟。触角剑状，粗短，着生在单眼之前。前胸腹板突长方形，向后倾斜。

短额负蝗蝗蝻（三龄期）
（广东清远综合试验站　摄）

危害状 以成虫和若虫咬食叶片进行危害，在局部茶短额负蝗成虫区零星发生。在江西等地区1年发生2代，以卵在土中越冬。成、若虫咬食茶树嫩梢芽叶呈不规则缺口。

发生规律 我国东部地区发生居多。在华北1年1代，江西1年生2代，以卵在沟边土中越冬。5月下旬至6月中旬为孵化盛期，7～8月羽化为成虫。喜栖于湿度大、双子叶植物茂密的环境，在灌渠两侧发生多。

防治要点 茶园及四周垦荒除草。人工捕杀成、若虫。种群密度大时在若虫期用化学农药喷杀。

绿螽斯

学名 *Phaneroptera falcata* Poda，属直翅目，螽斯科。

分布 分布于中国南方各地区。

形态特征 成虫体长14～20mm，包括翅长29～37mm。体、翅绿色。头顶狭，顶端尖角状。触角细长，黑色，着生于复眼之间。前胸背板前部几乎呈圆筒状，后部平坦。背脊处常有1条黑线纵贯全身。前翅发达，翅端略超过后足腿节的末端，后翅明显长于前翅。雌虫产卵瓣粗短，基部上缘呈钝角状弯曲。

绿螽斯危害状

危害状　主要以成虫和若虫咬食叶片进行危害，在局部地块零星发生。成、若虫咬食茶树叶片成不规则的缺斑、孔洞或缺口。雌成虫产卵在茶树嫩梢组织中，常割断茶梢造成损伤。

发生规律　1年发生1代，雌成虫产卵在茶树嫩梢组织中。

防治要点　（1）茶园及四周垦荒除草。（2）人工捕杀成、若虫。（3）种群密度大时在若虫期用化学农药喷杀。

假眼小绿叶蝉

学名　*Empoasca vitis* (Gothe)，属半翅目，叶蝉科。

别名　假眼小绿浮尘子、叶跳虫。

分布　分布于中国各产茶地区。

形态特征　成虫自头至翅端长3.1～3.8mm，淡绿至黄绿色。头顶有2个绿点，头前有2个绿色圈（假单眼），复眼灰褐色。中胸小盾板有白色条带，横刻平直。前翅前缘基部色较深，绿色，翅端部透明无色或浅烟褐色，第三端室长三角形，前后两端脉基部起自一点。足与体同色，但胫节端部及跗节绿色。卵新月形，乳白至淡绿色。若虫5龄，初期乳白色，后渐转黄绿色，三龄时翅芽始露。

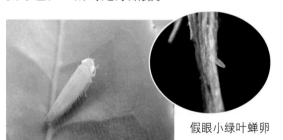

假眼小绿叶蝉卵

假眼小绿叶蝉成虫

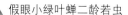

假眼小绿叶蝉二龄若虫

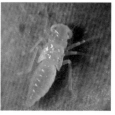

假眼小绿叶蝉五龄若虫　　假眼小绿叶蝉四龄若虫

危害状　以若虫和成虫刺吸茶树嫩茎、嫩叶的汁液进行危害，与小绿叶蝉混杂发生，在中国各茶区发生普遍，受害轻者，芽叶失绿、老化，影响茶叶产量、品质；受害重者，顶部芽叶呈枯焦状，茶芽不发，无茶可采。1年发生约10代，多以成虫越冬，但华南可以各虫态越冬。

发生规律　长江流域1年发生9～11代，安徽10代，福建11～12代，广东、广西

假眼小绿叶蝉危害状（引自小泊重洋）

12～13代，海南15代，长江流域以成虫在茶树上越冬。广东、云南无明显越冬现象，冬季也可见到卵和若虫。长江流域茶区越冬成虫在3月中下旬气温10℃以上时开始活动，3月下旬产卵，第一代若虫于4月上中旬出现后，隔15～30d发生1代，世代重叠，每年出现两个高峰，第一高峰在5月下旬至7月上旬，夏茶受害重；第二高峰在8月中下旬至11月上旬，危害秋茶。

防治要点 （1）物理防治：在成虫期可用黄板诱杀；茶园内不间作豆类作物，及时铲除杂草。及时分批勤采，必要时适当强采，可随芽叶带走大量的虫卵和低龄若虫，降低虫口密度的同时恶化食源，控制种群密度。（2）生物防治：在湿度高的地区或季节，提倡喷洒每毫升含800万孢子的白僵菌稀释液。（3）化学防治：发生严重的茶园，越冬虫口基数大，应在11月下旬至次年3月中旬喷洒24%溴虫腈悬浮剂1 500～1 800倍液，以消灭越冬虫源。春茶结束后第一个高峰到来前每百叶有虫20～25头时，或第二峰前百叶虫量超过12头时，及时喷洒15%茚虫威乳油2 500～3 500倍液、24%溴虫腈悬浮剂1 500～1 800倍液、22%噻虫嗪·高效氯氟氰菊酯乳油4 500倍液、10%氯氰菊酯乳油3 000倍液，或10%联苯菊酯乳油3 000～5 000倍液。

黑刺粉虱

学名 *Aleurocanthus spiniferus* (Quaintance)，属半翅目，粉虱科。

别名 橘刺粉虱。

分布 分布于中国各产茶地区。

形态特征 成虫体长1～1.3mm，复眼红色，体橙黄色，覆有粉状蜡质物。前翅紫褐色，周缘有7个白斑；后翅淡紫色，无斑纹。卵短香蕉形，基部钝圆，有一短柄与叶背相连。幼虫椭圆形，黑色有光泽，背面隆起，周缘有白色蜡圈。一龄幼虫体背有2对白色蜡毛，粗看似2条白线；二龄和三龄幼虫体背分别有10对和14对刺。蛹体形和体色与幼虫相似，长约1mm，周缘白色蜡圈明显，背面显著隆起，有19对刺，侧面有10对（雄）或11对（雌）刺，呈放射状排列。

黑刺粉虱成虫（高宇　摄）

危害状 主要以幼虫在叶背吸取汁液进行危害，其分泌物常诱发煤病，局部茶区发生严重时，茶园呈一片黑色，新抽出的芽叶瘦小，甚至茶芽不发，严重影响茶叶产量。

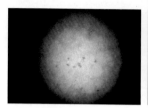

黑刺粉虱卵

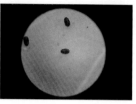

黑刺粉虱若虫

发生规律　浙江、福建、江苏、安徽、湖北1年发生4代，以老熟幼虫在茶树叶背越冬，翌年3月化蛹，4月中旬成虫羽化，卵产在叶背面。杭州一至四代幼虫的发生盛期分别在4月中旬至6月下旬、6月上旬至8月上旬、8月下旬至10月上旬、10月中旬至越冬。黑刺粉虱喜郁蔽的生态环境，在茶丛中下部叶片较多的老龄茶园中易发生，在茶丛中的虫口分布以中下部居多。

防治要点　(1)物理防治：成虫期可用黄板诱杀，每亩20～25块。(2)田园管理：适时修剪、疏枝、中耕除草，增强树势，增进通风透光，抑制虫口数量增加。(3)生物防治：天敌韦伯虫座孢菌对黑刺粉虱幼虫有较强的致病性，使用浓度为每毫升含孢子量2亿～3亿个，防治应在一、二龄幼虫期。(4)化学防治：防治适期为卵孵化盛末期，喷洒10%联苯菊酯乳油5 000倍液、15%茚虫威乳油2 500～3 500倍液或24%溴虫腈悬浮剂1 500～1 800倍液。防治成虫以低容量蓬面扫喷为宜，幼虫期提倡侧位喷药，药液重点喷至茶树中、下部叶背。

长 白 蚧

学名 *Lopholeucaspis japonica* Cockerell，属半翅目，盾蚧科。

别名 长白盾蚧、长白介壳虫、梨长白蚧、日本长白蚧、茶虱子。

分布 分布于中国浙江、安徽、福建、湖南等地区。

形态特征 雌成虫体长0.6～1.4mm，梨形，淡黄色，腹部分节明显，腹末有臀叶2对，略呈三角形。雌虫介壳纺锤形，暗棕色，表面有一层灰白色蜡层，前端可见褐色壳点1个。雄成虫体长0.5～0.7mm，淡紫色，翅1对，白色半透明，腹末有1枚针状交尾

在叶缘锯齿处危害的长白蚧若虫

器。卵椭圆形，淡紫色。初孵若虫椭圆形，淡紫色，触角和足发达，腹末有尾毛2根。二龄若虫体淡黄色，触角和足退化。

危害状 以若虫和雌成虫吸取枝干和叶片的汁液进行危害，在局部茶区发生严重，受害茶树发芽减少，对夹叶增多，茶叶产量下降，连续受害数年，导致茶园未老先衰甚至枯死。

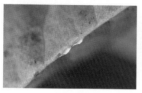

长白蚧介壳　　　长白蚧（引自小泊重洋）

发生规律　在浙江、湖南茶区1年发生3代，以老熟雌若虫和雄虫前蛹在茶树枝干上越冬，翌年3月下旬至4月下旬雌成虫羽化，4月中下旬雌成虫开始产卵。第一、二、三代若虫孵化盛期分别在5月中下旬、7月中下旬、9月上旬至10月上旬。第一、二代若虫孵化比较整齐，而第三代孵化期持续较长。茶园荫蔽及偏施氮肥、树势生长衰弱易受害。幼龄茶园和台刈复壮茶园受害较重。

防治要点　(1) 加强检疫，防止带蚧苗木传入新区。(2) 加强茶园管理，清蔸亮脚，促进通风透光。台刈更新受害严重、叶片稀少、树势衰老的茶园，修剪时期应在长白蚧卵孵化盛期，应剪去蓬面15～20cm，台刈后应加强肥培管理和喷药防治。(3) 保护天敌，并用韦伯虫座孢菌防治。(4) 冬季用45%晶体石硫合剂每667m²150～200g对水75kg喷雾。(5) 在若虫盛孵末期及时喷洒99%矿物油100～150倍液、24%溴虫腈悬浮剂1 500～1 800倍液、10%氯氰菊酯6 000～8 000倍液或10%联苯菊酯1 500倍液。

椰 圆 蚧

学名 *Aspidiotus destructor* Signoret，属半翅目，盾蚧科。

分布 分布于中国浙江、江苏、江西、湖南、湖北、广东、四川、重庆、贵州、福建、山东及台湾等地。

形态特征 雌成虫介壳圆形，薄而扁平，直径1.7～1.8mm，灰黄色，中央有2个黄色壳点；雌成虫体短卵形，前端圆，后端稍尖，扁平，鲜黄色，长约1.4mm。雄成虫介壳椭圆形，长径0.7～0.8mm，浅黄褐色，中央有1个黄色壳点；雄成虫体橙黄色，有1对半透明的翅，腹末有1枚较长的交尾器。卵椭圆形，

椰圆蚧介壳
（引自小泊重洋）

椰圆蚧

黄绿色。初孵若虫淡黄绿色后转黄色，有足和触角，二龄时触角和足消失。

危害状 以若虫和雌成虫固定在成叶和老叶的背面吸取汁液进行危害，在局部茶区发生严重。受害茶园发芽减少，芽叶瘦小，产量下降甚至大量落叶、枝梢枯死。种群多数分布在茶丛中下部叶片背面，相应的叶正面呈黄绿色圆点状。

发生规律 在长江中下游茶区1年发生3代，以受精雌成虫越冬，第一、二、三代若虫孵化高峰期分别在5月中旬、7月中下旬和9月中旬至10月上旬。

防治要点 （1）加强对茶苗的检疫，防止把有蚧的苗木传入新区。（2）加强茶园管理，清蔸亮脚，促进茶园通风透光。受害严重、叶片稀少、树势衰老的茶园可进行台刈更新，修剪时期应在卵孵化盛期，深修剪应剪去蓬面15～20cm，台刈后应加强肥培管理和喷药防治。（3）保护天敌，并用韦伯虫座孢菌防治。（4）冬季用机油乳油30～40倍液或45%晶体石硫合剂每667m² 150～200g，对水75kg喷雾。（5）在若虫盛孵末期及时喷洒99%矿物油100～150倍液、10%氯氰菊酯6 000～8 000倍液，或10%联苯菊酯1 500倍液。

角 蜡 蚧

学名 *Ceroplastes ceriferus* Anderson，属半翅目，蜡蚧科。

别名 角蜡虫。

分布 分布于中国各产茶地区。

形态特征 雌成虫红褐至紫褐色，体背隆起呈半球形，腹端背面有一圆锥形突起；介壳半球形，直径5～9mm，灰白色，有的稍带粉红色，背面中央有1个、周围有8个小突起，日久后突起消失，介壳转为淡黄色。雄成虫赤褐色，有1对半透明的翅。卵椭圆形，肉红至红褐色。若虫初孵时红褐色，泌蜡后形成白色介壳，小而扁平，呈长茧形，四周有15个角状突起呈放射状。

角蜡蚧危害茶树

危害状 以若虫和雌成虫固定在枝、叶上吸取汁液进行危害，常导致煤病发生。局部茶区发生严重，受害茶树芽叶瘦小，产量下降。

发生规律 1年发生1代，以受精雌虫于枝上越冬。翌春继续危害，6月产卵于体下，卵期约1周。若虫期80～90d，雌若虫蜕3次皮羽化为成虫，雄若虫蜕2次皮为前蛹，进而化蛹，羽化期与雌虫交配后雄虫死亡，雌虫继续危害至越冬。初孵雌若虫多于枝上固着危害，雄若虫多到叶上主脉两侧群集危害。每雌成虫产卵250～3 000粒。卵在4月上旬至5月下旬陆续孵化，刚孵化的若虫暂在母体下停留片刻后，从母体下爬出分散在嫩叶、嫩枝上吸食危害，5～8d蜕皮成为二龄若虫，同时分泌白色蜡丝，在枝上固定。在成虫产卵和若虫刚孵化阶段，降雨量大小，对种群数量影响很大。但干旱对其影响不大。

防治要点 （1）加强对茶苗的检疫，防止把有蚧的苗木传入新区。（2）加强茶园管理，清蔸亮脚，促进茶园通风透光。受害严重、叶片稀少、树势衰老的茶园可进行台刈更新，修剪时期应在卵孵化盛期，深修剪应剪去蓬面15～20cm，台刈后应加强肥培管理和喷药防治。（3）保护天敌，并用韦伯虫座孢菌防治。（4）冬季用机油乳油30～40倍液或45%晶体石硫合剂每667m^{2}150～200g，对水75kg喷雾。（5）在若虫盛孵末期及时喷洒99%矿物油100～150倍液、10%氯氰菊酯6 000～8 000倍液，或10%联苯菊酯1 500倍液。

龟 蜡 蚧

学名 *Ceroplastes japonicus* Green，属半翅目，蜡蚧科。

别名 日本蜡蚧，俗称茶虱子、茶乌龟。

分布 在我国主要分布于江苏、浙江、安徽、江西、福建、上海、湖北、湖南、广东、广西、贵州、四川、陕西、山西、甘肃、云南和台湾等地区。国外主要分布在日本。

形态特征 雌成虫介壳近半球形，蜡质白色硬厚。前期拱现龟纹，中央有1个圆突；周缘有8个小圆突，其间夹有洁白蜡点，或被霉污变黑。后期体大拱成半球形，灰白至灰黄色，背面龟甲状凹陷明显。雌成虫体椭圆，暗紫褐色，触角6节，第三节最长，为其余5节之和；足3对，较发达。雄成虫棕褐色，头、胸背色较深，眼黑色，触角线形。卵长椭圆形，橙黄色，孵化前紫红色。若虫初孵时椭圆扁平，淡红褐色，触角及足灰白，腹末具1对细长尾丝。定居后渐泌白蜡形成介壳。雌若虫介壳椭圆微突，周缘现8个蜡突。雄若虫介壳长椭圆形，星芒状，周缘有13个角突。雄蛹椭圆形，紫褐色，眼黑色。

龟蜡蚧危害茶树　（邵元海　摄）

危害状　该虫以成虫和若虫固着在枝、叶上吸汁进行危害，而且排泄"蜜露"，诱发煤烟病，受害茶树芽叶瘦小，产量下降。局部发生严重茶园，造成枝梢枯死，无茶可采。

发生规律　若虫孵化后仍留在母壳内，数天后分批从母体蜡壳中爬出，爬散或借风力、人畜携带传播。卵孵期间，雨水多，空气湿度大，气温正常，则卵的孵化率很高，当年茶树受害较重。但是，大雨冲击可导致初孵若虫的存活率下降。冬季雨雪多，气温低，对雌成虫越冬不利。此外，密蔽、间作或草荒严重的茶园发生也较重。

防治要点　（1）农业防治：清除茶园恶性杂草，剪除茶树下部过密的病弱枝、徒长枝，促使茶园通风透光，创造不利于龟蜡蚧生长生育的环境，抑制其发生。（2）生物防治：保护利用天敌资源。采用有利于天敌生存和繁衍的栽培措施，如人工剪除有虫枝时可集中堆放在茶园附近的空地上，待寄生蜂羽化后再行集中烧毁；选择对天敌较安全的选择性农药品种，并尽量减少喷药次数，发挥天敌的自然调控作用。(3)物理防治：在秋冬和早春季节用草刷或毛刷刷除枝杆上的越冬雌虫，降低越冬虫口基数，控制翌年的发生量。(4)化学防治：应掌握在卵孵化盛末期及时喷药防治。化学农药种类参见其他蚧类。

红 蜡 蚧

学名　*Ceroplastes rubens* Maskell，属半翅目，蜡蚧科。

别名　脐状红蜡蚧，俗称蜡子。由于雌成虫体色呈玫瑰红至紫红色，故也称作胭脂虫、红虱子。

分布　分布西自西藏，东至沿海、台湾，南自海南、两广，北到陕西、山东。在长江流域以南发生较多，屡有局部成灾。

形态特征　雌成虫介壳椭圆，蜡质紫红色较硬厚，背中拱起，周缘翻卷；前期背中隆作小圆突，后期隆作半球形，中央凹陷呈脐状，两侧有4条弯曲的白色蜡带。雌成虫椭圆，紫红色，触角6节，第三节最长，口器较小，位于前足基节间；足细小。雄成虫体暗红，口针及眼黑色，触角细长淡黄；前翅白色半透明，沿翅脉有淡紫色带状纹；足及交尾器淡黄色；后翅退

红蜡蚧危害茶树　（刘明炎　摄）

化成平衡棒。卵椭圆形，两端稍细，淡紫红色。若虫一龄卵圆扁平，长约0.4 mm，红褐色，触角6节，足3对发达，腹末有1对细长尾丝。二龄卵圆形，略拱起，紫红色，足退化，体表泌蜡开始形成淡紫红色介壳，且背中略作长椭圆形隆起，顶部白色，周缘呈现8个角突。三龄雌若虫介壳增大加厚。雄蛹长约1.2 mm，紫红色，翅、足及触角明显紧贴体外，尾针较长。蛹外介壳同二龄若虫，长圆形，具角突。

危害状　以若虫和雌成虫固定在枝、叶上吸汁进行危害，并诱发煤烟病，致使树势衰退，芽叶稀少，危害严重时甚至整株枯死。初孵若虫善爬行，2～3d后在虫体腹部中间开始分泌白色的蜡质，随后又分泌红色蜡质，逐渐覆盖全身，形成蜡壳，蜡壳随虫体不断增大而逐渐加厚、增大。在叶上以叶面虫口居多。

红蜡蚧雄虫危害状
（王沅江　提供）

发生规律　在我国1年发生1代，以受精雌成虫在茶树枝干上越冬。若虫孵化后成批爬出母体介壳，沿枝干向树上爬动，或借风力、人畜携带传播，待觅得枝叶适宜部位后定居。

管理粗放，茶丛密集郁闭，通风透光不良，胶茶、茶果间作，均有利于该虫的发生与危害。卵孵化高峰期出现的迟早和孵化期的长短，与当地温湿度有关。5月下旬日平均温度偏高，相对湿度偏低，有利于卵的发育和孵化，孵化期相对提早。

防治要点 （1）农业防治：合理施肥，采留结合，增强树势，提高茶树自身抗逆能力，减轻危害。及时中耕除草，剪除有虫枝、徒长枝，对发生严重、树势衰退的茶园，宜于春茶结束后视具体情况进行重剪或台刈，促进通风透光，减轻危害。也可人工剪除有虫枝或用竹刀刮除虫体。（2）生物防治：采取有利于天敌生存和繁衍的栽培措施，如人工剪除有虫枝时可集中堆放茶园附近的空地上，待寄生蜂羽化后再行集中烧毁；选择对天敌较安全的选择性农药品种，并尽量减少喷药次数，发挥天敌的自然调控作用。（3）化学防治：由于该虫繁殖力和抗逆性强，且虫体外包被厚厚的蜡质，给化学防治带来困难。因此，应掌握在卵孵化盛末期及时喷药防治。化学农药种类参见其他蚧类。

茶 长 绵 蚧

学名 *Chloropulvinaria floccifera* Westwood，属半翅目，蜡蚧科。

别名 绿绵蜡蚧、茶绵蚧、蜡丝蚧、茶絮蚧。

分布 分布普遍，西自云贵川，东至沿海，南自海南、两广，北至秦岭、淮河以南，山东也有发生，西藏、台湾不详。

形态特征 雌成虫体浅灰黄绿色，有足3对，较发达，刚老熟时，腹扁平，背面隆起，脊上盖有厚蜡丝，体侧密布白色短绒毛，阴孔棕杠色外露。产卵前虫体增大，长椭圆形，身披白色绒毛，腹末有长椭圆形白色蜡质卵囊，上有明显纵线。雄成虫体黄色，胸部背板色略深，头小，眼及口器黑色，触角丝状，9节。有1对前翅，白色半透明，翅脉2条。有3对足，腹末有1对相当于体长的白蜡尾丝，腹末有一长刺状交尾器。雄成虫背面附有完整介壳，上有细长扭曲的白色蜡丝，似长绒状白毛簇。卵椭圆形，玉白色或淡橘红色。卵聚集于雌虫的卵囊内。初孵若虫椭圆而扁平，淡黄色，触角及3对足均发达，腹末有两根长蜡丝。披蜡明显后，能肉眼辨别雌雄。雄若虫背面长有介壳并密布有竖立的长绒状白蜡丝。雌若虫触角退化，介壳不完整，仅脊背中间有白色短蜡丝簇。蛹体（雌虫无蛹），椭圆形，黄色，触角、翅芽和足开始显露，腹末有刺状交配器。

茶长绵蚧雌成虫与卵袋

危害状　以若虫和雌成虫吸取枝、叶的汁液进行危害，并促进茶煤病发生，致使树势衰退，甚至叶落枝枯。

发生规律　1年发生1代，以受精雌成虫在茶树枝干上越冬，且以茎基部虫口较多。翌年4月中旬前后，大都爬到上部枝叶上活动取食，并形成泌蜡。卵囊产卵后，可借风、人畜携带传播。茶长绵蚧喜潮湿环境，茶园地势低注，排水不良，条栽密植，管理粗放，茶丛郁闭，杂草丛生，通风透光不良，有利于该虫的发育与繁殖，也利于煤烟病的发生蔓延。

防治要点 （1）农业防治：适时修剪或台刈。对于茶长绵蚧蔓延危害的茶园，宜早春进行抽剪，剪除越冬危害虫枝。对发生严重、未老先衰茶园，春茶采摘结束后宜进行一次修剪或台刈，中耕除草，并将剪下的枝条和杂草一并清出园外空地堆放，待有益天敌（如寄生蜂等）羽化后，进行烧毁。秋茶采摘结束后，结合茶园管理，增施有机肥，及时清除茶园杂草、枯枝落叶，改善通风透光条件，促使茶树生长健壮，增强茶树抗性，减轻危害。并于11月份前喷施1次0.3～0.5波美度石硫合剂封园。（2）生物防治：保护和利用天敌资源。充分利用有利于天敌繁衍的栽培技术措施，选择对天敌安全的选择性农药品种，并尽量减少喷药次数，保护利用天敌对茶长绵蚧的自然调控作用。（3）化学防治：应掌握在卵孵化盛末期至分泌蜡质前期及时喷药防治。化学农药种类参见其他蚧类。

茶牡蛎蚧

学名 *Lepidosaphes tubulorum* Ferris（Ferris，1921），属半翅目，盾蚧科。文献中学名 *Mytilococcus tubulorum* Lindinger (1943)、*Paralepidosaphes tubulorum* Borchsenius (1962) 为同种异名。

别名 东方盾蚧。

分布 国内分布西自西藏，东至沿海、台湾，北自湖北、山东，南至两广、海南。国外主要分布于日本、印度、斯里兰卡等。

形态特征 雌成虫介壳长纺锤形，略弯曲，后端大，背面隆起，似牡蛎的壳，暗褐色，壳缘灰白色，壳点灰褐色，突出于头端。雄成虫介壳前端深褐，后端红褐色，具一黄色带状纹，壳缘、壳点同雌成虫介壳。雌成虫乳黄色，末端橙黄色，长纺锤形，口器丝状，黄褐色。雄成虫橙黄色，头部黑色，触角丝状，翅半

茶牡蛎蚧

透明。卵长椭圆形，初乳白色略带水红色，后变浅紫色。若虫扁平，椭圆形，体浅黄色，眼紫红色，触角、足、尾毛明显，分泌浅黄色蜡质。蛹体略带水红色，眼黑色。

危害状　初孵若虫经24h爬行活动后，多在茶丛中、下部枝干上或叶片正反面固定危害，并逐渐分泌蜡质覆盖体背，形成介壳。雄虫多在叶面，雌虫多在叶背。雌成虫和幼虫附着在枝叶表面吸食汁液，致茶芽叶瘦小，严重时造成枝枯、落叶或全株死亡。

发生规律　在贵州、四川1年发生2代，以卵在茶树枝干上的介壳内越冬。密闭茶园一般发生较多，形成危害中心。茶树品种间，在贵州以419品种和广西高脚茶一般受害较轻，而湄潭苔茶受害较重。卵孵化期间若连续阴雨天气，可致孵化率降低，初孵若虫成活率下降，大雨更致大量死亡。

防治要点　(1) 注意选用抗虫品种，重视种苗检疫，防止随苗木传播蔓延。(2) 加强茶园管理，合理施肥和修剪，培养树势，促进茶园透风性；对发生严重、未老先衰的茶园可以进行台刈或重修剪。(3) 不采摘的茶园及台刈后留下的树桩，及时喷洒0.5波美度石硫合剂或松脂合剂20倍液。采摘茶园防治可选用马拉硫磷乳油、溴虫腈悬浮剂等农药，可参阅长白蚧等蚧虫防治法。

茶蛾蜡蝉

学名 *Geisha distinctissima* Walker，属半翅目，蛾蜡蝉科。

别名 绿蛾蜡蝉、黄翅羽衣、橘白蜡虫、碧蜡蝉。

分布 分布于中国大多数产茶地区。

形态特征 成虫体长6～8mm，中胸背板发达，上有4条赤褐色纵纹，前翅粉绿色，顶角钝，臀角成直角，翅脉红褐色，停息时左、右翅腹面靠拢竖立呈平面状。卵乳白色，近圆锥形，长约1.3mm，一侧中部至末端有一鱼鳍状突起。若虫淡绿色，背、侧面覆有白色蜡质絮状物，腹末有1束白色蜡质长毛。

茶蛾蜡蝉若虫
（李艳霞　摄）

茶蛾蜡蝉成虫（李艳霞　摄）

茶蛾蜡蝉若虫（赵丰华　摄）

危害状　以若虫和成虫吸取嫩茎、嫩叶的汁液进行危害。成虫将卵产于茶树中下部嫩梢皮层内，若虫孵化后先在茶树中下部嫩叶背面吸汁危害，后转移到上部嫩茎上进行危害。一般固定在1处取食，并分泌白色絮状物覆盖虫体，外观像1堆棉絮状物，如受惊动，则迅速弹跳逃脱，另选别处固定危害。

茶蛾蜡蝉危害状（李艳霞　摄）

发生规律 年发生代数因地域不同而有差异，大部地区1年发生1代，以卵在枯枝中越冬。第二年5月上、中旬孵化，7～8月若虫老熟，羽化为成虫，至9月受精雌成虫产卵于小枯枝表面和木质部。广西等地1年发生2代，以卵越冬，也有以成虫越冬的。第一代成虫6～7月发生。第二代成虫10月下旬至11月发生，一般若虫发生期3～11月。

防治要点 （1）物理防治：在成虫期可用黄板诱杀；茶园内不间作豆类作物，及时铲除杂草。及时分批勤采，必要时适当强采，控制种群密度。（2）生物防治：在湿度高的地区或季节，提倡喷洒每毫升含800万孢子的白僵菌稀释液。（3）化学防治：及时喷洒15%茚虫威乳油2 500～3 500倍液、24%溴虫腈悬浮剂1 500～1 800倍液、22%噻虫嗪·高效氯氟氰菊酯种子处理剂4 500倍液、10%氯氰菊酯乳油或10%联苯菊酯乳油3 000～5 000倍液。

八点广翅蜡蝉

学名 *Ricania spechlum* (Walker)，属半翅目，广翅蜡蝉科。

别名 八点蜡蝉、八点光蝉、橘八点光蝉、咖啡黑褐蛾蜡蝉、黑羽衣、白雄鸡。

分布 中国产茶地区均有分布。

形态特征 成虫体长约11.5～13.5mm，翅展23.5～26mm，黑褐色，疏被白蜡粉；触角刚毛状，短小；单眼2个，红色；翅革质，密布纵横脉呈网状，前翅宽大，略呈三角形，翅面被稀薄白色蜡粉，翅上有6～7个白色透明斑；后翅半透明；腹部和足褐色。卵长卵形，初乳白渐变淡黄色。若虫体长5～6mm，略呈钝菱形，翅芽处最宽，暗黄褐色，布有深

八点广翅蜡蝉幼虫
（李艳霞　提供）

八点广翅蜡蝉成虫（高宇　摄）

浅不同的斑纹，体疏被白色蜡粉，腹部末端有4束白色绵毛状蜡丝，呈扇状伸出，平时腹端上弯，蜡丝覆于体背以保护身体，常可作孔雀开屏状，向上直立或伸向后方。

危害状 成、若虫喜于嫩枝和芽、叶上刺吸汁液，产卵于当年生枝条内，影响枝条生长，重者产卵部以上枯死。

发生规律 1年发生1代，以卵在枝条内越冬。浙江在5月中旬至6月上中旬孵化，7月中旬至8月中旬为成虫盛发期，8月下旬至10月上旬为若虫盛发期。若虫有群集性，常数头在一起排列枝上，爬行迅速，善于跳跃；成虫产卵于当年生枝木质部内，产卵孔排成一纵列，孔外带出部分木丝并覆有白色绵毛状蜡丝。

防治要点 （1）物理防治：在成虫期可用黄板诱杀；茶园内不间作豆类作物，及时铲除杂草。及时分批勤采，必要时适当强采，控制种群密度。（2）生物防治：在湿度高的地区或季节，提倡喷洒每毫升含800万孢子的白僵菌稀释液。（3）化学防治：及时喷洒15%茚虫威乳油2 500～3 500倍液、24%溴虫腈悬浮剂1 500～1 800倍液、22%噻虫嗪·高效氯氟氰菊酯种子处理剂4 500倍液、10%氯氰菊酯乳油或10%联苯菊酯乳油3 000～5 000倍液。

眼纹疏广翅蜡蝉

学名 *Euricania ocellus* Walker，属半翅目，广翅蜡蝉科。

分布 分布于中国南方各产茶地区。

形态特征 成虫体长5～6mm，翅展16～20mm，栗褐色。前翅无色透明，翅的四周有栗褐色宽带，其中前缘带较宽，在中部和端部有两处中断；翅中部横带在中间围成一圆形，与翅外部的横带构成1个大的眼形纹；近翅基部有一栗褐色斑点。

眼纹疏广翅蜡蝉若虫

眼纹疏广翅蜡蝉成虫

危害状　以若虫和成虫吸取嫩茎、嫩叶的汁液进行危害，零星发生。若虫能分泌白色絮状物，黏附在嫩梢上。

发生规律　1年发生1代，以卵在嫩梢组织内越冬，翌年5月若虫孵化，6～8月成虫较多，多分布在茶树上部枝叶上。

防治要点　（1）物理防治：在成虫期可用黄板诱杀；茶园内不间作豆类作物，及时铲除杂草。及时分批勤采，必要时适当强采，控制种群密度。（2）生物防治：在湿度高的地区或季节，提倡喷洒每毫升含800万孢子的白僵菌稀释液。（3）化学防治：及时喷洒15%茚虫威乳油2 500～3 500倍液、24%溴虫腈悬浮剂1 500～1 800倍液、22%噻虫嗪·高效氯氟氰菊酯种子处理剂4 500倍液、10%氯氰菊酯乳油或10%联苯菊酯乳油3 000～5 000倍液。

透翅疏广翅蜡蝉

学名 *Euricanid clara* Kato，属半翅目，广翅蜡蝉科。

分布 分布于中国大部分产茶地区。

形态特征 成虫体长约6mm，翅展通常超过20mm；身体黄褐色与栗褐色相间；前翅无色透明，略带有黄褐色，翅脉褐色，前缘有较宽的褐色带；前缘近中部有一黄褐色斑。

危害状 以若虫和成虫吸取嫩茎、嫩叶的汁液进行危害。发生严重时，导致树势衰弱，枝条干枯死亡。

透翅疏广翅蜡蝉卵粒
（张家侠 提供）

透翅疏广翅蜡蝉若虫（赵丰华 提供）

透翅疏广翅蜡蝉成虫（赵丰华　提供）

防治要点　（1）物理防治：在成虫期可用黄板诱杀；茶园内不间作豆类作物，及时铲除杂草。及时分批勤采，必要时适当强采，控制种群密度。（2）生物防治：在湿度高的地区或季节，提倡喷洒每毫升含800万孢子的白僵菌稀释液。（3）化学防治：及时喷洒15%茚虫威乳油2 500～3 500倍液、24%溴虫腈悬浮剂1 500～1 800倍液、22%噻虫嗪·高效氯氟氰菊酯种子处理剂4 500倍液、10%联苯菊酯乳油或10%氯氰菊酯乳油3 000～5 000倍液。

可可广翅蜡蝉

学名 *Ricania cacaonis* Chou et Lu，属半翅目，广翅蜡蝉科。

分布 分布于广东、海南、湖南、江苏等地区。

形态特征 成虫头、胸及足黄褐色至褐色，中胸背板色稍深，额铬黄色，有的个体基部具黑褐色阴影；头顶有5个并排的褐色圆斑，有的个体这些褐斑色很浅，颊上围绕着复眼有4个褐色小斑，以触角处的1个为最大；腹部褐色。额具中侧脊，唇基无中脊或有不明显的中脊；前胸背板具中脊，两边刻点不明显；中胸背板具纵脊3条，中脊长而直，侧脊从中部分叉，两内叉内斜于端部左右会合，外

可可广翅蜡蝉成虫
（王沆江　提供）

可可广翅蜡蝉田间危害状（王沆江　提供）

叉小，基部断开很多。前翅烟褐色，后翅黑褐色，半透明，前缘基半部色稍浅。后足胫外侧具刺2个。若虫体淡褐色，较狭长，胸背外露，有4条褐色纵纹，腹部披有白蜡，腹末呈羽状平展。卵近圆锥形，乳白色。

可可广翅蜡蝉卵
（徐德良　提供）

可可广翅蜡蝉若虫（徐德良　提供）

危害状　若虫孵化后转移至下部枝条，取食时移至上部嫩梢或下部嫩枝上。一至二龄有群居习性，三龄后则分散爬至上部嫩梢上进行危害。若虫共5龄，各龄若虫均固定1处取食，每次蜕皮前移至叶层，蜕皮后再迁回嫩茎上危害，并分泌白色絮状物覆盖虫体，体被蜡质丝状物，如同孔雀开屏，栖息处还常留下许多白色蜡丝。

发生规律　可可广翅蜡蝉在湖南湘西1年发生1代，以卵在茶树或其他植物嫩梢组织中越冬。可可广翅蜡蝉的发生与茶园的生态环境与管理方式有很大关系。该虫喜阴湿畏阳光，茶丛繁茂覆盖度大以及遮阴郁闭的茶园最利于发生，海南胶茶间作茶园发生远比一般茶园严重。一般周围植被丰富遮阴度高、茶树生长繁茂、树冠高大、营养条件较好的茶园发生较多，平地茶园、幼龄茶园、采摘频繁、常修剪的茶园发生较少。

防治要点　（1）物理防治：清除越冬卵，减少发生基数，宜在秋末、早春结合茶园修剪，剪除并清除越冬卵枝梢；成虫盛发期用捕虫网捕杀；恶化栖息活动场所，加强茶园管理，中耕除草，疏除徒长枝、地蘖枝，增进茶丛通风透光，降低阴湿度。茶季分批勤采，恶化其营养条件，抑制虫口发生。（2）生物防治：注意保护鸟类、蜘蛛、天敌昆虫等天敌资源，尽量选用对天敌较安全的选择性农药，并减少药剂的使用次数和使用量。（3）化学防治：药剂防治应在若虫盛孵、初龄若虫期及时施药。一般茶园通常可喷施2.5%溴氰菊酯乳油6 000～8 000倍液、2.5%联苯菊酯乳油3 000～6 000倍液、24%溴虫腈悬浮剂2 000～3 000倍液等。药液中混用含量0.3%～0.4%的柴油乳剂可显著提高防效。在喷药时，应注意喷药质量，务必使茶丛喷湿喷遍。如果虫口密度大，应在第一次喷药后7 d左右再喷1次，以提高防治效果。

柿广翅蜡蝉

学名 *Ricania sublimbata* Jacobi，属半翅目，广翅蜡蝉科。

分布 分布于黑龙江、山东、河南、湖北、湖南、四川、浙江、江苏、安徽、福建、台湾、重庆、广东、广西、贵州、江西、上海等地区。

形态特征 成虫头、胸呈黑褐色；腹部基部黄褐至深褐色，其余各节深褐色，头胸及前翅表面多被绿色蜡粉。前翅前缘外缘深褐色，后翅暗黑褐色，半透明，脉纹黑色，脉纹边缘有灰白色蜡粉，前足胫节外侧有刺2个。若虫一龄期体色呈淡黄绿色，胸部背板上有1条淡色中纵脊，腹末有4个无色透明的泌腺孔，蜡丝丛上翘，可将腹部覆盖；三龄期体色淡绿，泌腺孔淡紫色，中后胸背板中纵脊两侧各有1个黑点，蜡丝丛可将全身覆盖；五龄期体色淡黄色，前、中胸背板中纵脊两侧各有1个黑点，后胸背板上因翅芽覆盖仅可见2个黑点（四龄期为4个黑点），蜡丝丛淡黄色间有紫色斑。卵呈长肾形，顶端有微小乳状突起，初产时为乳白色，后渐变成白色至浅蓝色，临近孵化时为灰褐色。

柿广翅蜡蝉若虫和成虫（彭萍　提供）

危害状　若虫孵化多于晚上至凌晨2时，刚孵化若虫体色呈白色，尾部光滑。若虫畏光，孵化后爬行至较隐蔽的叶片背部进行危害，孵化经数小时后，腹末即分泌出雪花状的蜡丝丛覆于体背，体色渐渐变成淡绿色至绿色。若虫善爬行，甚为活跃，爬行时除腹末4根蜡丝平直向后伸，其余8根蜡丝均直立或斜立于腹末呈扇形。受惊动过大时则迅速跳跃逃逸。雨天和夜晚多栖息于茶树内部枝条上或叶背。大龄若虫多单头隐栖于叶背危害，嫩梢和叶面仅有少数，且多见于傍晚或阴天。成虫产卵聚集，初孵若虫亦具群集性。一至二龄若虫喜群集，通常3～5头集中在同一叶片上取食，三龄后则向茶丛中迁移分散取食，食量也显著增大。

发生规律　柿广翅蜡蝉一般1年发生2代，以卵产于茶树枝条内越冬，在豫南茶区越冬卵一般在4月中下旬开始孵化，5月上旬达到孵化盛期，成虫始于5月下旬，6月上旬为羽化高峰期，成虫期30多天；第一代卵始于6月下旬，7月中下旬达到产卵高峰；若虫始见于7月下旬，高峰期在8月份，盛发期在9月份；成虫于9月下旬开始产越冬卵，10月份达到产卵盛期，11月上旬仍有少量成虫活动。

防治要点 （1）农业防治：结合茶园修剪，清除带卵茶梢，并带出茶园烧毁；因该虫喜好阴暗环境，因此，宜及时清除茶园杂草，改善茶园通风透光条件。（2）生物防治：利用有利于天敌繁衍的耕作栽培措施，选择对天敌较安全的选择性农药，并合理减少施用化学农药，保护利用天敌昆虫来控制柿广翅蜡蝉种群。（3）物理防治：柿广翅蜡蝉成虫趋色性强，可用黄色色板诱杀。（4）化学防治：在若虫盛发期可将装洗衣粉水的盆接在茶树下，用力摇晃茶树，集中消灭。化学防治可选用10%溴虫腈悬浮剂2 500倍液、50%马拉硫磷乳油800～1 000倍液。由于虫体被有蜡粉，在药液中混用含油量0.3%～0.4%柴油乳剂或黏土柴油乳剂，可提高防治效果。防治适期应选择在柿广翅蜡蝉一至三龄若虫期，在孵化高峰期防治效果最佳。

茶 谷 蛾

学名 *Agriophara rhombata* Meyr.，属鳞翅目，谷蛾科。

别名 茶木蛾。

分布 国内分布于云南、广东、福建和台湾地区，为当地特有的亚热带重要茶树害虫，近年海南地区发生严重。国外分布于印度等地。

形态特征 成虫体长9.5～13.0mm，翅展24～35mm，体翅黄白色，胸背有一黑色圆点。前翅基半部中央有1条黑褐色纵纹，翅中部前、后缘各有1个或显或隐的灰褐色小斑，近外缘1/4处横置有一淡褐色弧形纹，隐约可见，外缘有1列小黑点。后翅色淡。卵椭圆，长约1.2mm，宽约0.8mm，初为黄绿或淡绿色，孵化前淡褐色。幼虫成长时体长22～28mm，头黑色，体黄色，背侧有黑色宽带纵贯全身，各节两侧各有2个黑点（毛疣），尾节臀板黑色。蛹长9～11mm，

茶谷蛾成虫（彭萍　提供）

宽5.0 ~ 5.5mm。初为黄或淡褐色，后转黑褐色，有光泽。前端钝圆，尾端尖削，背面隆起，腹面较平。

茶谷蛾
（引自张汉鹄）

茶谷蛾蛹（彭萍　提供）

危害状　幼虫共5龄。一、二龄为潜叶期，潜食叶肉，叶背呈现弯曲带状潜道。三龄和四龄前期为卷边期，吐丝将部分叶缘向背面卷折，匿居咀食叶肉，后期仅留上表皮。四龄后期和五龄为卷苞期，将叶尖向叶背卷结成三角虫苞，匿居其中咀食叶肉，至后期仅留一层上表皮。一般是1个苞内只有1头幼虫，也有2头以上的。幼虫排出的粪便堆积在苞内，造成对芽叶的严重污染。幼虫也常转移另行结苞进行危害。幼虫老熟后，将虫苞咬一孔洞爬出，至下方老叶或成叶背面吐丝结茧化蛹（少数在叶面结茧）。羽化后，蛹壳有1/2 ~ 1/3露出茧外。

茶谷蛾危害状（彭萍　提供）

发生规律　茶谷蛾在浙江1年发生7代，以蛹茧在茶树中、下部成叶或老叶背面凹陷处越冬。由于季节性气候变化，全年以秋凉适温时第三代虫口为多，危害重，12月底是危害高峰期，其他季节由于温度不适，发生较少。修剪比不修剪的茶园虫口少，受害轻，但就品种而言，一般以海南种茶园受害较重，云南种则受害较轻。

防治要点　（1）农业防治：南方温暖茶区，秋冬季修剪后及时将剪下的有虫枝叶彻底清出果园，并作适当处理，保护天敌。（2）化学防治：茶谷蛾幼虫在四龄前抗药力较弱，必须及早防治。在发生初期（幼龄期）用15%茚虫威乳油2 500 ～ 3 000倍液、2.5%三氟氯氰菊酯乳油6 000 ～ 8 000倍液，或10%氯氰菊酯乳油6 000倍液，或2.5%溴氰菊酯乳油6 000倍液、2.5%联苯菊酯乳油3 000倍液等进行防治。

茶蚜（橘二叉蚜）

学名 *Toxoptera aurantii* Boyer de Fonscolombe，属半翅目，蚜科。

别名 茶二叉蚜、可可蚜、橘二叉蚜。

分布 分布于中国各产茶地区。

形态特征 有翅蚜体长约2mm，黑褐色有光泽，触角第三节有5～6个感觉圈排成一列，前翅中脉分两叉，尾片长度小于腹管，腹管小于触角第四节。无翅蚜体稍肥圆，棕褐色，体表多淡黄色细横网纹，触角第三节无感觉圈。卵长椭圆形，漆黑色有光泽。

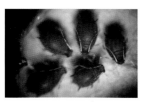

茶蚜成虫　　　　茶蚜有翅蚜(引自小泊重洋)

危害状 以若虫和成虫聚集在嫩茎、嫩叶背面吸汁进行危害。在春茶中、后期晴暖少雨时形成种群高峰，并扩散危害，导致芽叶向下翻卷弯曲，生长停滞。其排泄出的"蜜露"常诱致煤病发生。

茶蚜危害状（苏亮　提供）

发生规律　大多数地区1年发生20代左右，安徽25代以上，全部以卵或无翅蚜在叶背越冬。以卵越冬的地区在翌年2月下旬开始孵化，3月上旬盛孵，全年以4～5月和10～11月发生较多，4月下旬至5月中旬为全年发生盛期。早春虫口多在茶丛中下部嫩叶上，春暖后渐向中上部芽梢转移，炎夏虫口较少，且以下部为多，秋季又以上中部芽梢为多。

防治要点　(1) 人工防治：分批多次采摘，可破坏茶蚜适宜的食料和环境，抑制其发生。零星发生时可人工挑治或兼治。(2) 天敌保护：茶蚜的天敌有瓢虫、草蛉、食蚜蝇等多种，减少化学农药的施用次数，保护自然天敌，达到自然控制的效果。(3) 化学防治：当有蚜芽梢率达10%，或有蚜芽梢芽下第二叶平均虫口达20头以上时，有机茶园、绿色食品AA级茶园可喷施2.5%鱼藤酮300～500倍液，绿色食品A级茶园、低残留茶园可喷施2.5%溴氰菊酯乳油6 000～8 000倍液和15%茚虫威乳油2 500～3 500倍液。

绿 盲 蝽

学名 *Lygus lucorum* Meyer-DarDür，属半翅目，盲蝽科。

别名 棉青盲蝽、青色盲蝽、小臭虫、破叶疯、天狗蝇。

分布 分布于中国各产茶地区。

形态特征 成虫体长5.0～5.5mm，淡绿色，略扁平，复眼红褐色，触角淡褐色，前胸背板深绿色，多细小黑点。小盾片黄绿色，前翅膜质部灰暗半透明。

危害状 以若虫和成虫刺吸幼嫩芽叶的汁液进行危害。在局部茶区春茶前期发生严重，受害茶树的嫩叶和成叶上枯点、洞孔累累，影响茶树树势和茶叶产量。

绿盲蝽若虫
(引自小泊重洋)

绿盲蝽成虫 （引自小泊重洋）

发生规律　北方1年发生3～5代，陕西泾阳、河南安阳5代，长江中下游5～7代，华南7～8代，以卵产于枯腐的鸡爪枝内或冬芽鳞片缝隙处越冬。翌年3～4月旬均温高于10℃或连续5日均温达11℃，相对湿度高于70%时，卵开始孵化。在安徽黄山各代若虫发生期分别出现在4月上中旬、5月下旬至6月上旬、6月下旬至7月上旬、8月上旬至9月上旬。一般春季受害较轻，以密植茶园或偏施氮肥受害较重。

绿盲蝽危害状
（引自小泊重洋）

防治要点　（1）物理防治：在成虫期可用黄板诱杀；茶园内不间作豆类作物，及时铲除杂草；及时分批勤采，必要时适当强采，控制种群密度。（2）生物防治：在湿度高的地区或季节，提倡喷洒每毫升含800万孢子的白僵菌稀释液。（3）化学防治：及时喷洒15%茚虫威乳油2 500～3 500倍液、24%溴虫腈悬浮剂1 500～1 800倍液、22%噻虫嗪·高效氯氟氰菊酯种子处理剂4 500倍液、10%氯氰菊酯乳油或10%联菊酯乳油3 000～5 000倍液。

茶 角 盲 蝽

学名　*Helopeltis* sp.，属半翅目，盲蝽科。

分布　分布于中国海南、广东、广西、台湾等地区。

形态特征　成虫体长5.0～7.5mm，体黄褐至褐色，触角和足细长，翅色暗，半透明。雄虫前胸背板黑色，中胸小盾片后方有一竖立、略向后弯曲的杆状突起。若虫体形与成虫相似，但无翅，初孵时橘红色，后转橘黄色，五龄时黄褐色。

茶角盲蝽雌成虫
（引自萧素女》）

茶角盲蝽卵
（引自萧素女）

茶角盲蝽若虫
（引自萧素女）

危害状　以若虫和成虫刺吸嫩茎、嫩叶的汁液进行危害。局部地区发生严重，受害茶树的嫩叶上先出现许多灰褐色小斑，后渐变黑褐色坏死斑纹，常导致嫩梢枯死，影响茶叶产量。

茶角盲蝽危害嫩芽

（引自萧素女）

发生规律　在海南1年发生11～12代，无明显越冬现象。高温干旱季节发生少，较荫蔽的茶园和有遮阴的茶园发生较重。

防治要点　（1）物理防治：在成虫期可用黄板诱杀；茶园内不间作豆类作物，及时铲除杂草；及时分批勤采，必要时适当强采，控制种群密度。（2）生物防治：在湿度高的地区或季节，提倡喷洒每毫升含800万孢子的白僵菌稀释液。（3）化学防治：及时喷洒15%茚虫威乳油2 500～3 500倍液、24%溴虫腈悬浮剂1 500～1 800倍液、22%噻虫嗪·高效氯氟氰菊酯种子处理剂4 500倍液、10%氯氰菊酯乳油或10%联苯菊酯乳油3 000～5 000倍液。

茶 网 蝽

学名 *Stephanitis chinensis* Drake，属半翅目，网蝽科。

别名 茶军配虫、白纱娘。

分布 分布于中国云南、四川、贵州及广东等地区。

形态特征 成虫体长3～4mm，暗褐色，前胸发达，背板向前突出盖住头部，翅膜质透明，前胸背面和翅面布满网状花纹，前翅近中部前、后各有1条褐色横带。卵长椭圆形，乳白色，覆有黑色光泽的胶状物，一端稍弯曲，末端呈口袋状。初孵若虫乳白色，半透明，随成长渐转暗绿色，至老熟时黑褐色，体长约2mm，腹部两侧及背中部着生粗刺。

危害状 以若虫和成虫群集在叶背刺吸汁液进行危害。受害叶片背面具有大量黑色胶质排泄物，叶片正面出现许多白色小点，远看茶园呈灰白色。造成茶树树势衰退，发芽减少，芽叶细小，茶叶产量下降。成虫怕光，飞翔力弱，产卵于茶丛中下部叶背主脉两侧组织中，若虫孵化后群集在茶树中下部叶背吸汁进行危害，后期多数种群转移到中上部进行危害。

发生规律 1年发生2代，以卵在茶丛下

茶网蝽成虫
（王迎春　提供）

茶网蝽危害状（王迎春　提供）

部叶片背面中脉及两侧组织内越冬，低山茶园也有以成虫越冬的。越冬卵于翌年4月上中旬至5月上旬孵化。越冬代若虫发生盛期在5月上、中旬，5月中旬至7月中旬进入成虫发生期，5月中、下旬进入发生盛期。第二代卵期在5月下旬至9月下旬，7月下旬至10月下旬进入若虫期，8月中旬进入若虫盛发期。8月中旬至12月成虫开始出现，9月中旬至10月上旬为成虫发盛期。贵州各代发生期常较四川提早10～20d。全年以第一代发生整齐且集中，发生初、盛、末期明显，且虫口密度大，常为第二代的3～4倍，危害严重。成虫初羽化时，全身均为白色，两h后翅上显露花纹，腹部颜色加深，后随时间增长，翅上的黑纹和腹部颜色逐渐加深。初羽化的成虫生活力弱，成虫不善飞翔，多静伏于叶背或爬行于枝叶间。羽化后第四天开始活跃进行交尾产卵，成虫多在上午交尾，历时30～90min，每雌成虫产卵数量最多为34粒，最少6粒，平均16粒左右。成虫喜把卵前在茶丛中、下部叶背中脉两侧组织内，排列成行，后覆以黑色胶质物。卵期平均93d，最长106d，最短87d。初孵若虫从卵壳内爬出，先在茶丛中、下部叶背刺吸汁液，后向上部扩散。若虫有群集性，常群集于叶背主、侧脉附近，排列整齐，随虫龄增大，开始分散。第一代18～24d，平均20.8d；第二代21～26d，平均22.4d。天气温和干燥，发生严重。一般若虫发生盛期均在气温21～23℃、相对湿度75%～80%的气候条件下，反之，气温高、湿度大，则发生轻。

防治要点　（1）物理防治：在成虫期可用黄板诱杀；茶园内不间作豆类作物，及时铲除杂草；及时分批勤采，必要时适当强采，控制种群密度。（2）生物防治：在湿度高的地区或季节，提倡喷洒每毫升含800万孢子的白僵菌稀释液。（3）化学防治：及时喷洒15%茚虫威乳油2 500～3 500倍液、24%溴虫腈悬浮剂1 500～1 800倍液、22%噻虫嗪·高效氯氟氰菊酯种子处理剂4 500倍液、10%氯氰菊酯乳油或10%联苯菊酯乳油3 000～5 000倍液。

茶盾蝽

学名 *Poecilocoris latus* Dallas，属半翅目，盾蝽科。

别名 油茶宽盾蝽。

分布 分布于江西、云南、贵州、陕西、广东、广西及福建等地区。

形态特征 成虫体长16～20mm，宽10～12mm，黄褐色，体背有11个大小、形状不一的蓝黑色斑块，大致排成3行。其中前端2个，中前部5个，中后部4个。卵近球形，淡黄绿色，10余粒平铺成卵块。

茶盾蝽成虫
（广东清远综合试验站　提供）

危害状 以若虫和成虫刺吸叶片和茶果的汁液进行危害，在局部地区发生较多。常造成茶果中空霉烂。

发生规律 成虫有假死性，产卵于叶背，若虫孵化后群集在叶背吸取汁液，成长后成群转移到茶果上吸食，至成虫时分散危害。

防治要点 人工捕杀群集不动的若虫，或用2.5%溴氰菊酯乳油5 000倍液、15%茚虫威2 500～3 500倍液、24%溴虫腈悬浮剂1 500～1 800倍液喷雾毒杀若虫。

茶 黄 蓟 马

学名 *Scirtothrips dorsatis* Hood，属缨翅目，蓟马科。

别名 茶叶蓟马、茶黄硬蓟马。

分布 分布于中国海南、广东、广西、云南、贵州、江西、浙江、福建、台湾等地区。

形态特征 成虫体长约0.9mm，橙黄色，触角8节，第三、四节上各有一V形感觉锥，前翅淡黄色，有2条翅脉，腹部第二至七节背面各有一囊状暗褐色斑纹。初孵若虫乳白色，后渐转黄色，三龄时出现翅芽。

危害状 以若虫和成虫锉吸幼嫩芽叶的汁液进行危害，有时也可危害叶柄、嫩

茶黄蓟马成虫
（福建省茶叶研究所 提供）

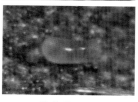

茶黄蓟马卵
（福建省茶叶研究所 提供）

茶黄蓟马若虫
（福建省茶叶研究所 提供）

茶黄蓟马危害状（徐德良　提供）

茎和老叶，受害叶片背面出现纵向的红褐色条痕，条痕相应的叶正面略突起，失去光泽。受害严重时，叶背条痕合并成片，叶片僵硬变脆。

发生规律　1年发生多代，广东约10代，在广东、广西、云南、贵州等南方茶区，无明显越冬现象，12月至翌年2月仍可在嫩梢上找到成虫和若虫，但在浙江、江西等偏北的茶区，以成虫在茶花内越冬。在南部茶区，一般10～15d即可完成1代。成虫活泼，产卵于叶背叶肉内，蛹在茶丛下部或近地面枯叶下，苗圃和幼龄茶园发生较多。在广东以9～11月发生最多，危害最重，其次是5～6月。

防治要点　（1）农业防治：采用抗性品种，搞好肥培管理，清洁茶园，分批及时采茶，可在采茶的同时摘除一部分卵和若虫，有利于压低虫口基数，控制害虫的发生。（2）物理防治：利用茶黄蓟马的趋色性，用黄色色板诱集粘杀。（3）化学防治：采摘茶园虫梢率大于40%的应全面喷药防治，以低容量蓬面扫喷为宜。药剂可选用15%茚虫威乳油2 500～3 500倍液或10%联苯菊酯乳油3 000～6 000倍液。

茶棍蓟马

学名 *Dendrothrips minowai* Priesner，属缨翅目，蓟马科。

分布 分布于中国广东、广西、海南及贵州等地区。

形态特征 雌成虫体长0.8～1.1mm，黑褐色。触角8节，第三、四节上各着生一角状感觉锥，第六节上着生一芒状感觉锥。前翅黑色，仅1条翅脉，翅中央偏基部有一白色透明带。初孵若虫乳白色，二龄期浅黄色，三龄（预蛹）期橙红色。在中、小叶品种的茶园中发生较多。

危害状 以若虫和成虫锉吸茶树嫩叶的汁液进行危害，受害叶片背面出现纵向的红褐色条痕，条痕相应的叶正面略突起，失去光泽。

茶棍蓟马若虫

（边磊 提供）

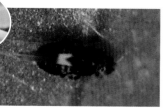

茶棍蓟马成虫

（引自萧素女）

茶棍蓟马危害状

(引自萧素女)

受害严重时，叶背的条痕合并成片，叶质僵硬变脆，茶叶产量和品质下降。

发生规律 1年发生数代，世代重叠现象严重。

防治要点 (1) 农业防治：采用抗性品种，搞好肥培管理，清洁茶园，分批及时采茶，可在采茶的同时摘除一部分卵和若虫，有利于压低虫口基数，控制害虫的发生。(2) 物理防治：利用茶黄蓟马的趋色性，用黄色色板诱集粘杀。(3) 化学防治：采摘茶园虫梢率大于40%的应全面喷药防治，以低容量蓬面扫喷为宜。药剂可选用15%茚虫威乳油2 500～3 500倍液和10%联苯菊酯乳油3 000～5 000倍液。

茶橙瘿螨

学名 *Acaphylla theae* Watt，异名*Acaphylla steinwedeni* Keifer，属蜱螨目，瘿螨科。

别名 斯氏尖叶瘿螨、茶刺叶瘿螨。

分布 分布于中国各产茶地区。

形态特征 成螨体小，肉眼看不见，体长约0.14mm，橘红色，前端较宽，向后渐细呈胡萝卜形，头端有2对足，腹部密生皱褶环纹，腹末有1对刚毛。卵球形，直径约0.04mm，白色透明呈水晶状。幼螨、若螨乳白色至浅橘红色，体形与成螨相似，但腹部环纹不明显。

茶橙瘿螨成螨

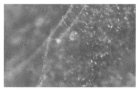

茶橙瘿螨卵

茶橙瘿螨若螨

危害状 以幼、若螨和成螨刺吸茶树嫩叶和成叶的汁液进行危害。受害叶片失去光泽，叶色变浅，叶正面主脉发红，叶背面出现褐色锈斑，芽叶萎缩、僵化，受害轻时，茶叶产量品质下降，受害重时，茶芽不发，无茶可采。在全国各茶区发生普遍。

茶橙瘿螨危害状

发生规律 浙江1年发生25代，从卵、幼螨、若螨和成螨等各种螨态在茶树叶背越冬，世代重叠严重。浙江全年有2次明显的发生高峰，第一次在5～6月，第二次一般在7月中旬至9月。全年以夏、秋茶期危害最重。

防治要点 （1）农业防治：选用抗病品种，加强茶园管理，及时分批采摘，清除杂草和落叶，减少其回迁侵害茶树。茶季叶面施肥，氮、磷、钾混喷，抑制螨口发生，旱期应喷灌。（2）生物防治：保护利用自然天敌，主要是田间食螨瓢虫和捕食螨；用韶关霉素乳油400倍液喷洒。(3) 化学防治：秋茶采后用45％石硫合剂晶体250 ～ 300倍液喷雾清园。加强调查，掌握在害螨点片发生阶段或发生高峰出现前及时喷药防治。可用24％溴虫腈悬浮剂1 500 ～ 2 000倍液、57％克螨特乳油1 500 ～ 2 000倍液喷雾使用。注意农药的轮用与混用。

茶 短 须 螨

学名 *Brevipalpus obovatus* Donnadied，属蜱螨目细须螨科。

分布 分布于中国浙江、江苏、安徽、湖南、山东、福建、广东、广西及海南等地区。

形态特征 雌成螨椭圆形，背面隆起，体长0.27～0.31mm，鲜红至暗红色，4对足，第二对足基部有1对半球形的红色单眼；雄成螨体较小，尾端呈楔形。卵红色，卵形。幼螨橙红色，3对足，腹末3对毛，其中2对呈匙形，中间1对呈刚毛状。若螨与成螨相似，但体背可透见黑色斑块。体末3对毛，均呈匙形。

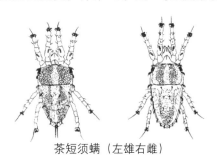

茶短须螨（左雄右雌）

危害状 以幼、若螨和成螨刺吸茶树汁液进行危害。主要危害成叶和老叶，受害叶片失去光泽，叶背面常有紫色斑块和白色尘状蜕皮壳，叶柄和主脉变褐色。后期叶柄霉烂，引起大量落叶，造成茶叶减产和树势衰退。

发生规律 在长江中下游茶区1年发生6～7代，以雌成螨群集于根际泥土下越冬，少数也可在枝干裂缝和落叶内越冬。翌年4月开始往茶树叶片上迁移危害，6月份虫口增长迅速。高温干旱对其发生有利，因此7～9月常出现发生高峰。虫口分布以叶背较多，由于成螨寿命长和产卵期长，世代重叠现象十分严重。10月后虫口下降，11月后爬至根部越冬。

防治要点 （1）农业防治：选用抗病品种，加强茶园管理，及时分批采摘，清除杂草和落叶，减少其回迁侵害茶树。茶季叶面施肥，氮、磷、钾混喷，抑制螨口发生，旱期应喷灌。（2）生物防治：保护利用自然天敌，主要是田间食螨瓢虫和捕食螨；用韶关霉素400倍液。（3）化学防治：秋茶采后用45%石硫合剂晶体250～300倍液喷雾清园。加强调查，掌握在害螨点片发生阶段或发生高峰出现前及时喷药防治。可用24%溴虫腈悬浮剂1 500～2 000倍液、57%克螨特乳油1 500～2 000倍液喷雾使用。注意农药的轮用与混用。

茶跗线螨

学名 *Polyphagotarsonemus latus* Bank，属蜱螨目，跗线螨科。

别名 侧多食跗线螨、茶半跗线螨、茶黄螨、茶黄蜘蛛、茶壁虱。

分布 分布于中国浙江、江苏、湖南、四川、重庆、贵州及福建等地区。

形态特征 雌成螨体长0.2～0.5mm，近椭圆形，乳黄至浅黄绿色，4对足，第四对足纤细；雄成螨体长约0.17mm，略扁平，尾端呈楔形，第四对足粗长。卵近圆形，乳白色，

茶跗线螨成螨

茶跗线螨卵

茶跗线螨若螨

表面布满排列整齐的白色圆点。幼螨近圆形，乳白色，3对足。若螨与成螨相似，但体中部较宽，背面有云状花纹。

危害状　以幼、若螨和成螨刺吸茶树幼嫩芽叶的汁液进行危害，受害叶片严重失绿，硬化增厚，叶背面出现铁锈色。芽叶萎缩，叶尖和叶缘扭曲畸形，严重影响茶叶产量和茶树生长。

茶跗线螨危害状

发生规律　1年可发生20多代，以雌成螨在茶芽鳞片内或叶柄等处越冬。一般春茶期发生不多，夏、秋茶期日均温20℃以上，虫口激增，高温干旱的气候有利其发生，7～8月为全年发生高峰期。一般夏秋茶发生较为严重。

防治要点　（1）农业防治：选用抗病品种，加强茶园管理，及时分批采摘，清除杂草和落叶，减少其回迁侵害茶树。茶季叶面施肥，氮、磷、钾混喷，抑制螨口发生，旱期应喷灌。

（2）生物防治：保护利用自然天敌，主要是田间食螨瓢虫和捕食螨；用韶关霉素乳油400倍液。（3）化学防治：秋茶采后用45%石硫合剂晶体250～300倍液喷雾清园。加强调查，掌握在害螨点片发生阶段或发生高峰出现前及时喷药防治。可用24%溴虫腈悬浮剂1 500～2 000倍液、57%克螨特乳油1 500～2 000倍液喷雾使用。注意农药的轮用与混用。

咖啡小爪螨

学名　*Oligonychus coffeae* Nietner，属蜱螨目，叶螨科。

分布　分布于中国福建、广东、广西和台湾等地区。

形态特征　成螨体长0.4～0.5mm，暗褐色，4对足。卵红色，球形，顶部有1根白毛。幼螨鲜红色，3对足。若螨体色、体形与成螨相似。

咖啡小爪螨雌成螨　　　　咖啡小爪螨雄成螨

危害状　以幼螨、若螨和成螨刺吸茶树叶片的汁液进行危害，受害叶片先局部变红，后变暗红色，失去光泽，叶正面可见许多白色卵壳和蜕皮壳，晨露时可见微细的蜘蛛丝，后期叶质硬化，叶片大量脱落，甚至形成光杆或枯死，造成茶叶减产和树势衰退。

发生规律　在福建1年发生约15代，无明显越冬现象。一般春后雨量充沛，气温渐增，种群下降。炎热的夏天，仅少量种群留在茶树中、下部荫蔽处。秋季气温下降，气候干燥，种群又逐渐回升，

咖啡小爪螨危害状

每年秋末至翌年早春为发生危害盛期。

防治要点　（1）农业防治：选用抗病品种，加强茶园管理，及时分批采摘，清除杂草和落叶，减少其回迁侵害茶树。茶季叶面施肥，氮、磷、钾混喷，抑制螨口发生，早期应喷灌。（2）生物防治：保护利用自然天敌，主要是田间食螨瓢虫和捕食螨；用韶关霉素乳油400倍液。（3）化学防治：秋茶采后用45%石硫合剂晶体250～300倍液喷雾清园。加强调查，掌握在害螨点片发生阶段或发生高峰出现前及时喷药防治。可用24%溴虫腈悬浮剂1 500～2 000倍液、57%克螨特乳油1 500～2 000倍液喷雾使用。注意农药的轮用与混用。

神 泽 叶 螨

学名 *Tetranychus kanzawai* Kishida，属蜱螨目，叶螨科。

别名 茶叶螨、茶红蜘蛛。

分布 国内分布于台湾、福建、江西、湖南、浙江等地区，但大陆发生较少，台湾则屡有严重发生。国外分布于日本、菲律宾等地区，是日本茶区的三大害虫之一。

形态特征 雌成螨椭圆至卵圆形，体长约0.4mm，红至深红色，冬季朱红色。雄成螨菱状卵圆形，体色淡红或淡红黄色。卵球形，直径约0.10mm，初产近透明，孵化前淡红色。幼螨近圆形，长约0.20mm，淡黄色。一龄若螨卵圆形，暗红色，长约0.20mm，宽约0.13mm；二龄若螨长0.23～0.26mm，宽约0.14mm，淡红色。

神泽叶螨雌成虫
（引自小泊重洋）

神泽叶螨雄成虫
（引自小泊重洋）

危害状 刺吸危害芽叶，受害部分明显黄化，嫩叶从叶尖始变褐色，最后脱落。老叶受害后背面变褐并凹陷，叶面隆起褪色，被害处稍黄，同时附有白粉状蜕皮。发生严重时引起落叶和枝梢枯死。

神泽叶螨危害状

（引自小泊重洋）

发生规律 在日本、我国台湾1年发生约9代，世代重叠，常以春秋虫口较多，以雌成螨在茶丛老叶背面越冬。在温暖地区，各虫态均能混杂越冬。越冬螨体呈朱红色，雌成螨不产卵。各虫态发育温度在15～30℃，发育历期随温度升高而缩短，一般卵2.5～17.1d，一龄若螨1.1～7.4d，二龄若螨1.1～6.2d，成螨19.2～34.8d。全世代12.4～53.9d，雄螨略长于雌螨。幼螨爬行缓慢，借助风、雨或人、畜携带进行远距离传播。冬季气温高，则早春产卵也开始得早，茶园发生严重。在遮阴树庇护下，减少雨水冲刷，螨的发生也明显比裸露茶园严重。偏施氮肥或茶园间作豆类，有利于该螨的发生，多施磷、钾、锰肥有抑制作用。茶树品种间其发生程度有差异，采摘、修剪也关系着害螨的发生。

防治要点　（1）农业防治：加强茶园管理，及时采摘，增强树势提高抗逆能力；合理搭配品种，改善茶园通透性，气候干旱时有条件的茶园应及时灌溉，增强茶园湿度；加强植物检疫，严防将有虫苗木带出圃外。（2）化学防治：在害螨发生始期，抓住该螨有"发生中心"及时点治，控制大面积扩散。防治指标：每平方厘米叶面积上有3头。秋茶采后可用45%石硫合剂晶体250～300倍液喷雾清园。在害螨点片发生阶段或发生高峰期前，可用24%溴虫腈悬浮剂1 500～2 000倍液、57%克螨特乳油1 500～2 000倍液进行防治。注意农药的轮用、混用。秋茶采摘后用45%石硫合剂晶体150～200倍液喷雾清园，可压低越冬螨口基数，减少翌年螨害发生。

茶 天 牛

学名 *Aeolesthes induta* Newman，属鞘翅目，天牛科。

别名 楝树天牛、樟闪光天牛、贼老虫。

分布 分布于中国广东、广西、四川、重庆、贵州、湖南、江西、浙江、福建及台湾等地区。

形态特征 成虫体长23～38mm。全体灰褐色有光泽，密被茶褐色细毛，前胸背面多皱纹，鞘翅无斑纹，盖没腹部。卵长椭圆形，乳白色。成长幼虫体长37～52mm，乳白色，前胸硬皮板上有4个黄褐色斑块，中、后胸及腹部各节有肉瘤状突起。蛹长25～38mm，初期乳白色，后渐变淡赭色。

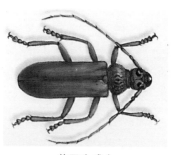

茶天牛成虫
（引自张汉鹄和谭济才）

危害状　主要以幼虫蛀食近地面的主干和根部进行危害，在局部地块中发生较多。受害茶树生长不良，提早衰败，甚至全株枯死。

发生规律　2年或2年多发生1代，以幼虫或成虫在枝干或根内越冬。江西越冬成虫于翌年4月下旬至7月上旬出现，5月底产卵，6月上旬幼虫开始孵化，10月下旬越冬，翌年8月下旬至9月底化蛹，9月中旬至10月中旬成虫才羽化，羽化后成虫不出土在蛹室内越冬，到第三年4月下旬才开始外出交尾。卵散产在距地面7～35cm、茎粗2～3.5cm的茎皮裂缝或枝杈上。老熟幼虫上升至地表3～10cm的隧道里，做成长圆形石灰质茧，蜕皮后化蛹在茧中。在山地茶园及老龄、树势弱的茶园危害重，根颈外露的老茶树受害重。

防治要点　(1) 成虫出土前用生石灰5kg、硫黄粉0.5kg、牛胶250克，对水20L调和成白色涂剂，涂在距地面50cm的枝干上或根颈部，可减少天牛产卵。(2) 茶树根际处应及时培土，严防根颈部外露。(3) 于成虫发生期用灯光诱杀成虫或于清晨人工捕捉。(4) 把百部根切成4～6cm长或半夏的茎叶切碎后塞进虫孔，也能毒杀幼虫。

茶红翅天牛

学名 *Erythrus blairi* (Gressitt)，属鞘翅目，天牛科。

别名 油茶红翅天牛。

分布 分布于中国福建、江西、江苏、浙江、广东、广西及陕西等地区。

形态特征 成虫体长约15mm，体黑色。前翅和翅鞘红褐色，前胸背面有1对疣状黑点。成长幼虫体长15～30mm，体乳白至淡褐色，前胸硬皮板乳黄至红褐色。

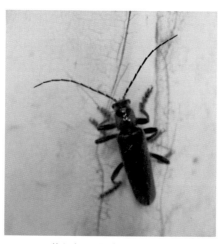

茶红翅天牛成虫 （肖斌 提供）

危害状　成虫产卵于嫩梢顶端或侧枝上部皮层内，幼虫孵化后即钻入梢内向下蛀食，钻蛀到主干后则来回转向蛀食粗约6cm的侧枝和分枝。被害枝干上有排泄孔，其下方叶片地面上常堆积木屑状虫粪。危害主要以幼虫蛀害枝干为主，引起肿胀，皮层环裂，茶树生长受阻，甚至枯死。

发生规律　在江西2年发生1代，第一年以幼虫越冬，翌年春暖时继续危害，至8月初化蛹，8月中下旬成虫羽化，留在虫道内越冬，至第三年4月才爬出虫道；在福建1年发生1代，每年4～5月成虫盛发，成虫产卵于嫩梢顶端或侧枝上部皮层内，幼虫孵化后即钻入梢内向下蛀食，钻蛀到主干后则来回转向蛀食侧枝和分枝。

防治要点　（1）成虫出土前用生石灰5kg、硫黄粉0.5kg、牛胶250g，对水20L调和成白色涂剂，涂在距地面50cm的枝干上或根颈部，可减少天牛产卵。（2）茶树根际处应及时培土，严防根颈部外露。（3）于成虫发生期用灯光诱杀成虫或于清晨人工捕捉。（4）把百部根切成4～6cm长或半夏的茎叶切碎后塞进虫孔，或用脱脂棉蘸敌敌畏100倍液塞入虫孔也能毒杀幼虫。

茶黑跗眼天牛

学名 *Chreonoma atritarsis* Pic，属鞘翅目，天牛科。

别名 茶红颈天牛。

分布 分布于中国安徽、浙江、江西、福建、台湾、湖南、广东、广西、四川、重庆及贵州等地区。

形态特征 成虫体长9～11mm，头、前胸背板及小盾片酱红色，鞘翅蓝黑色，具金属光泽，密布刻点。幼虫乳白色，体长约20mm，胸部较宽。

茶黑跗眼天牛成虫

（引自张汉鹄和谭济才）

危害状　主要以幼虫蛀食枝干进行危害，受害茶枝出现节瘤状膨大，输导组织被破坏，生长不良，甚至枯死。

发生规律　湖南、福建1年发生1代，贵州、江西2年发生1代，以幼虫在被害枝干内越冬。次年3月下旬至5月中旬化蛹，4月下旬至6月中旬出现成虫并产卵，6月中旬至7月中旬幼虫孵化。成虫多喜停在茶丛上部叶背，咬食叶背主脉。幼虫老熟后在结节上方咬一圆形羽化孔，然后在虫道内化蛹。

防治要点　（1）成虫出土前用生石灰5kg、硫黄粉0.5kg、牛胶250g，对水20L调和成白色涂剂，涂在距地面50cm的枝干上或根颈部，可减少天牛产卵。（2）茶树根际处应及时培土，严防根颈部外露。（3）于成虫发生期用灯光诱杀成虫或于清晨人工捕捉。（4）把百部根切成4～6cm长或半夏的茎叶切碎后塞进虫孔，或用脱脂棉蘸敌敌畏100倍液塞入虫孔也能毒杀幼虫。

茶籽象甲

学名 *Curculio chinensis* Chevrolat，鞘翅目，象甲科。

别名 茶籽象鼻虫。

分布 分布于中国多数产茶区。寄主有茶、油茶和刺锥栗。

形态特征 成虫体长7～11mm，体、翅黑色，疏被白色鳞毛，头、前胸均呈半球形。头前端延伸为细长光滑的管状喙，触角膝状，着生于1/2（雄）处。每鞘翅上有10条纵沟，翅面有白色鳞毛组成的斑纹。卵长椭圆形，乳黄色。成长幼虫体长10～12mm，乳白色，无足。体肥多皱纹，弯曲成C形。蛹乳黄色，腹末有1对短刺。

茶籽象甲成虫

危害状　主要以成虫和幼虫取食茶果进行危害，成虫还能取食嫩梢木质部，导致嫩梢萎涠，倒挂死亡。成虫每天可危害2～4个茶果；也能在嫩梢上咬一孔洞，将管状喙伸入洞内，取食孔洞上、下方的木质部和髓部，致使嫩梢枯死倒挂。幼虫蛀空1个茶果后也能转蛀邻近茶果。幼虫孵化后在幼果内蛀食种仁，食空1粒后再在果实内蛀食另外1粒，一生蛀食2～3粒，并在种壳内留下大量虫粪。

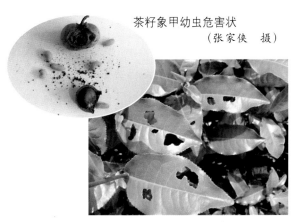

茶籽象甲幼虫危害状

（张家侠　摄）

茶籽象甲成虫危害状

发生规律　在云南西双版纳1年发生1代，其余各地2年发生1代，以当年幼虫和新羽化的成虫在根际土内越冬。以幼虫越冬者，继续土栖至秋季化蛹羽化为成虫，再以成虫在土内越冬。越冬成虫于翌年4月下旬陆续出土，5

月中旬至6月中旬成虫盛发并产卵于幼果内，幼虫在果内孵化即取食果仁，9～10月陆续出果入土越冬。成虫具有假死性。

防治要点 （1）人工捕杀：利用成虫的假死性，在成虫发生高峰期在地面铺塑料薄膜用振荡法捕杀成虫。（2）茶园耕作：在7～8月份结合施基肥进行茶园耕锄、浅翻、深翻可明显影响初孵幼虫的入土及此后幼虫的生存，其防效可达50%。（3）生物防治：可选用白僵菌871菌粉每667m^2 1～2kg拌细土撒施于土表。（4）化学防治：绿色食品茶园、低残留茶园，按每公顷虫量在150 000头以上，于成虫出盛期喷施98%杀螟丹可湿性粉剂1 000倍液、2.5%联苯菊酯乳油3 000～6 000倍液。一般茶园可喷施倍硫磷乳油1 000倍液等。

咖啡木蠹蛾

学名　*Zeuzera coffeae* Nietner，属鳞翅目，木蠹蛾科。

别名　茶枝木蠹蛾、咖啡豹蠹蛾。

分布　分布于中国浙江、福建、湖南等地区。

形态特征　成虫体长20～25mm，翅展约45mm。体、翅灰白色。胸部背面有3对蓝黑色斑点，前翅翅面散生许多蓝黑色斑点，后翅外缘有8个蓝黑色斑点。幼虫成熟后体长达30mm以上，体暗红色，前胸背板黑色，各体节上散生颗粒状突起，突起上有1根白色粗毛。

咖啡木蠹蛾幼虫

危害状 幼虫蛀食枝干，形成虫道，并能从一枝转移到另一枝危害。被害枝上有排泄孔，下方地面上常堆积颗粒状虫粪。

咖啡木蠹蛾危害状

发生规律 1年发生1～2代，以幼虫在被害枝干中越冬。

防治要点 （1）剪除虫枝：在8～9月茶梢叶片出现枯黄时，即虫枝数量增长进入稳定期时，一次性剪除虫枝，剪除部位应在虫枝最下一个排泄孔下方15cm左右处。（2）灯光诱杀：在虫口密度较大茶园中，于孵化盛期设置黑光灯诱杀。（3）化学防治：6月下旬后盛孵期结合其他虫害施药兼治，7月上旬以后检查剪除被害枝。

铜绿丽金龟

学名　*Anomala corpulenta* Motschulsky，属鞘翅目，金龟甲科。

别名　铜绿金龟子、青金龟子、淡绿金龟子。

分布　分布于中国陕西、安徽、河南、湖北、湖南、江西、江苏、浙江等地区。

形态特征　成虫体长17～21mm，卵圆形，体背铜绿色有闪光。前胸背面两侧黄色，前侧角较尖，后侧角圆钝。足基节、腿节黄褐色，胫、跗节深褐色。前足胫节外侧有2齿，中足大爪分叉。鞘翅具纵肋4条。幼虫乳白色，弯曲呈C形，成长后体长30～33mm，肛板中央有刺毛13～14对交互横列。

铜绿丽金龟成虫
(引自王小奇等)

危害状 成虫咬食叶片；幼虫啃食根系，有时可将主根咬断，造成茶苗死亡。

发生规律 1年发生1代，以幼虫在土中越冬，翌年5～6月化蛹、羽化并产卵，7月幼虫盛孵。

防治要点 （1）人工捕杀：成虫大量出土后，晚间利用假死性进行捕杀。种茶前结合土地翻耕整地，捕杀幼虫。（2）灯光诱杀：成虫盛发期，利用趋光性，在附近空地上设诱虫灯诱杀成虫。（3）结合中耕或开沟施肥，每公顷用50％辛硫磷乳油1 500～2 250g、细土225～300kg拌成毒土撒施，施后覆土，毒杀幼虫。成虫防治则可于盛发期黄昏后喷施2.5％溴氰菊酯乳油4 000～6 000倍液。

黑绒鳃金龟

学名　*Serica orientalis* Motschulsky，属鞘翅目，鳃金龟科。

分布　分布于中国陕西、河南、安徽、江西、江苏、浙江、台湾等地区。

形态特征　成虫体长8～10mm。卵圆形，黑褐色，密布短绒毛，有光泽。背隆具刻点，前胸宽为长2倍，前缘稍狭，鞘翅短，每翅具有10列刻点。前足胫节有2齿。幼虫头淡黄褐色，体乳白色，弯曲呈C形，成长后体长16～20mm，肛门纵裂，其前方约有20枚刚毛，横排成弧形。

黑绒鳃金龟成虫

（引自王小奇等）

危害状　成虫咬食叶片；幼虫啃食根系，有时可将主根咬断，造成茶苗死亡。

发生规律　1年发生1代，以幼虫或成虫在土中越冬。6月中旬至8月初成虫盛发，咬食茶树叶片，秋季幼虫啃食茶苗根系。

防治要点　(1) 人工捕杀：成虫大量出土后，晚间利用假死性进行捕杀。种茶前结合土地翻耕整地，捕杀幼虫。(2) 灯光诱杀：成虫盛发期，利用趋光性，在附近空地上设诱虫灯诱杀成虫。(3) 结合中耕或开沟施肥，每公顷用50%辛硫磷乳油1 500 ～ 2 250g、细土225 ～ 300kg拌成毒土撒施，施后覆土，毒杀幼虫。成虫防治则可于盛发期黄昏后喷施2.5%溴氰菊酯乳油4 000 ～ 6 000倍液。

暗黑鳃金龟

学名 *Holotrichia parallela* Motschulsky，属鞘翅目，鳃金龟科。

分布 分布于安徽、河南、江西等地区。

形态特征 成虫体长17～22mm，长椭圆形，黑褐色，稍有光泽。前胸以中部最宽，前侧角呈钝角，后侧角呈直角。前足胫节有3齿，中齿明显靠近顶齿。鞘翅两侧近于平行，近后部稍膨大。卵圆形，白色。幼虫乳白色，弯曲呈C形，成长后体长35～45mm，肛板仅有钩毛，排成三角形，肛门3裂。蛹淡黄褐色，二尾角呈锐角岔开。

暗黑鳃金龟成虫

（引自王小奇等）

危害状 成虫咬食叶片；幼虫啃食根系，有时可将茶苗主根咬断。在苗圃和幼龄茶园中发生较多，常造成茶苗枯死。

发生规律 1年发生1代，多以老熟幼虫在土中越冬，每年7～8月间幼虫盛发，咬食茶苗根部。

防治要点 (1) 人工捕杀：成虫大量出土后，晚间利用假死性进行捕杀。种茶前结合土地翻耕整地，捕杀幼虫。(2) 灯光诱杀：成虫盛发期，利用趋光性，在附近空地上设诱虫灯诱杀成虫。(3) 结合中耕或开沟施肥，每公顷用50％辛硫磷乳油1 500～2 250g、细土225～300kg拌成毒土撒施，施后覆土，毒杀幼虫。成虫防治则可于盛发期黄昏后喷施2.5％溴氰菊酯乳油4 000～6 000倍液。

斑喙丽金龟

学 名 *Adoretus tenuimaculatus* Waterhouse，属鞘翅目，丽金龟科。

分布 分布于中国南方各茶区。

形态特征 成虫体长约10mm，长椭圆形，棕褐色，全体密被乳白色披针形鳞毛，光泽较暗淡。上唇下方中部向下延伸似喙。前胸背板短而阔，鞘翅上有3条纵肋和鳞毛聚成的白斑。

危害状 以成虫咬食叶片和幼虫啃食根系进行危害。

斑喙丽金龟成虫

斑喙丽金龟成虫
（引自王小奇等）

发生规律　1年发生1代，多以老熟幼虫在土中越冬，每年7～8月间幼虫盛发，咬食茶苗根部。

防治要点　(1) 人工捕杀：成虫大量出土后，晚间利用假死性进行捕杀。种茶前结合土地翻耕整地，捕杀幼虫。(2) 灯光诱杀：成虫盛发期，利用趋光性，在附近空地上设诱虫灯诱杀成虫。(3) 结合中耕或开沟施肥，每公顷用50%辛硫磷乳油1 500～2 250g、细土225～300kg拌成毒土撒施，施后覆土，毒杀幼虫。成虫防治则可于盛发期黄昏后喷施2.5%溴氰菊酯乳油4 000～6 000倍液。

大 蟋 蟀

学名 *Brachytrupes portentosus* Lichtenstein，属直翅目，蟋蟀科。

别名 花生大蟋蟀。

分布 分布于中国广东、海南、广西、福建、台湾、云南及江西等地区。

形态特征 成虫体长30～40mm，暗褐色；胸背比头宽，上有1对圆锤形黄斑，雌虫产卵管短于尾须。若虫体色较浅，外形与成虫相似，二龄起开始出现翅芽。

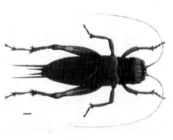

大蟋蟀成虫
(引自陈雪芬)

危害状 以成虫和若虫咬食茶树幼苗进行危害，造成幼龄茶园缺株断行。

发生规律 1年发生1代，以若虫在土穴内越冬，翌年3月上旬开始活动，5～6月成虫开始羽化，7月为成虫羽化盛期，成虫、若虫夜出危害。

防治要点 向洞穴灌水，促使其外逃，进行捕杀或者使用毒饵诱杀。

家 白 蚁

学名 *Coptotermes formosanus* Shiraki，属等翅目，鼻白蚁科。

分布 分布于中国淮河以南各地区。

形态特征 有翅蚁体长7.8～8.0mm，翅展11～12mm，头背面深黄色，胸、腹部背面黄褐色，腹部腹面黄色，翅淡黄色。工蚁体长5.0～5.4mm，头淡黄色，胸、腹部乳白色或白色。

茶园家白蚁成虫

危害状 以工蚁蛀食茶树主根进行危害，造成茶树树势衰弱，甚至枯死。

发生规律 有翅蚁具有强趋光性。群集营巢居生活，一巢多者可达几十万头，有生殖蚁(蚁王、蚁后)和非生殖蚁(工蚁、兵蚁)之分，工蚁咬食茶树主根和地上部死枝。主巢常筑在近水源1～2m深的地下或大树主干内，生活喜湿但怕水淹。

防治要点 挖巢。4～6月灯光诱杀有翅蚁。将枯枝、芦苇等埋于地下保湿，诱到蚁群后用农药喷杀，或在泥道上喷药。掘开干道，注入农药熏杀。

非 洲 蝼 蛄

学名 *Gryllotalpa africana* Palisot de Beauvois，属直翅目，蝼蛄科。

分布 分布于中国各茶区。寄主有茶、甘薯、马铃薯、白菜等植物。

形态特征 成虫体长约30mm，淡黄褐色，前翅伸达腹部中央，后翅卷缩成尾状超过腹末，前足为开掘足，后足胫节背侧内缘有棘3～4个。卵椭圆形，黄褐色。若虫体色与成虫相似。

危害状 以成虫和若虫咬食茶苗根颈部和伤害茶苗根系进行危害，造成茶苗死亡。

发生规律 1年发生1代，以成虫或若虫在土中越冬，翌年2月越冬成虫开始活动，3月上旬越冬若虫开始羽化，5月上旬至7月下旬成虫陆续产卵，成虫具有趋光性，善飞翔。在土下15～30cm处开掘纵横隧道，洞口有新鲜虚土。雌成虫产卵前先在洞内筑土室，每室产卵约30粒，每头雌虫产卵约200粒，若虫孵化后取食有机质1～2d后出洞分散，在有厩肥、畜粪等有机质的土中活动，咬食茶苗根颈部和伤害嫩根。

防治要点 （1）闷热、无风夜晚开灯诱杀。(2) 夏季结合中耕，发现产卵洞穴，再深挖 10cm 消灭卵块，也可捕杀成虫。(3) 用麸、秕等饵料，按其质量的 1% 拌入 90% 的敌百虫晶体，加水适量拌成毒饵，按 22.5 ～ 37.5kg/hm²，结合中耕施用。

小地老虎

学名 *Agrotis ypsilon* Rottemberg，属鳞翅目，夜蛾科。

别名 黑土蚕。

分布 分布于中国各产茶地区。

形态特征 成虫体长16～23mm，翅展42～52mm，暗褐色，前翅具暗色双波状横线，中部有肾状纹、环状纹与楔状纹，近翅端有3个尖形黑斑，呈三角鼎立。幼虫成长后体长37～50mm，暗褐色，体表多黑色颗粒，第一至八腹节背面各有4个毛片，臀板黄褐色，上有2条深褐色纵带。

小地老虎成虫

（引自李成章和罗志义）

危害状 以幼虫咀切苗茎进行危害，影响苗圃出苗率，造成实生苗幼龄茶园的缺株现象。

发生规律 在华南1年发生6～7代，长江流域4～5代。长江流域以第一代于4月下旬至5月中旬发生危害最盛。

防治要点 （1）早春结合茶园栽培管理，清除杂草，减少成虫产卵和幼虫虫口。（2）药剂防治：4月底至5月上旬，每公顷用50%辛硫磷乳油3 000mL，加湿润细土450kg拌成毒土，黄昏时撒于幼苗根际，锄松土层。（3）发生盛期用黑光灯或糖醋液诱杀。糖、醋、酒、水配比为1：2：0.5：10，再加少量农药。（4）清晨检查发现有被危害的幼苗，扒开表土捕杀幼虫。也可用泡桐、莴苣、苔子等鲜叶，小堆散放，诱集夜间潜伏幼虫，早晨捕杀。

附表1 茶园禁用和建议停用农药

农药名称	农药英文名	禁用原因	备 注
2, 4, 5-涕	2, 4, 5-T	有致畸毒性	日本要求在茶叶上禁用
阿维菌素	abamectin	剧毒，我国未批准在茶树上使用	欧盟已严格控制使用
乙酰甲胺磷	acephate	在茶树体内代谢产物形成甲胺磷	
涕灭威	aldicarb	剧毒	WHO 1a 类，我国已列入茶、果、茶、中草药禁用名单
艾氏剂	aldrin	高残留，致癌	已列入联合国 POP 名单
双甲脒	amitraz	具慢性毒性	欧盟已严格控制使用
杀草强	amitrole	致畸	日本要求在茶叶上禁用
各种含砷化合物	arsenic compounds	剧毒	美国和欧盟已禁用，WHO 1b 类
阿特拉津	atrazine	环境中稳定，水溶性中等	欧盟严格控制使用
益棉磷	azinophos-ethyl	急性毒性高	欧盟严格控制使用
保棉磷	azinophos-methyl	急性毒性高	欧盟严格控制使用，WHO 1b 类

（续）

农药名称	农药英文名	禁用原因	备注
苯菌灵	benomyl	慢性毒性	欧盟严格控制使用
六六六	BHC	高残留	全世界已停产和禁用，已列入联合国POP名单
乐杀螨	binapacryl	慢性毒性	欧盟严格控制使用
毒杀芬	camphechlor, toxaphene	高残留	我国已禁用，已列入联合国POP名单
敌菌丹	captafol	慢性毒性	美国、欧盟已禁用，WHO 1a类
甲萘威	carbaryl	慢性毒性	欧盟已禁用
克百威（呋喃丹）	carbofuran	剧毒	我国已列入菜、果、茶、中草药禁用名单
丁硫克百威	carbosulfan	环境毒性	欧盟严格控制使用
杀螟丹	cartap, padan	环境毒性	欧盟严格控制使用
灭幼脲	chlorbenzuron	致畸	日本要求在茶叶上禁用
氯丹	chlordane	致畸	已列入联合国POP名单，美国、欧盟已禁用

（续）

农药名称	农药英文名	禁用原因	备注
杀虫脒	chlordimeform	致畸	我国已全面禁用
毒虫威	chlorfenvinphos	慢性毒性	WHO 1b 类
乙酯杀螨醇	chlorobenzilate	致畸	欧盟禁用
蝇毒磷	coumaphos	环境毒性	我国已列入菜、果、茶、中草药禁用名单
二溴氯丙烷	DBCP	致畸	我国已禁用
滴滴涕	DDT	高残留	全世界已停产和禁用，已列入合国 POP 名单
内吸磷	demeton	剧毒、高残留	我国已列入菜、果、茶、中草药禁用名单，WHO 1b 类
敌敌畏	dichlorvos	遗传毒性	WHO 1b 类，日本要求在茶叶上禁用，欧盟严格控制使用
狄氏剂	dieldrin	高残留、致癌	已列入联合国 POP 名单
三氯杀螨醇	dicofol	高残留，产品中含高滴滴涕	我国已在茶树上禁用（1997）

（续）

农药名称	农药英文名	禁用原因	备注
乐果	dimethoate	高水溶性，泡茶时浸出率高	建议在茶树上停用
乙拌磷	disulfoton	剧毒，高残留	WHO 1a 类
灭线磷	ethoprophos	剧毒	我国已列入菜、果、茶、中草药禁用名单
苯线磷	fenamiphos	剧毒	我国已列入菜、果、茶、中草药禁用名单
杀螟硫磷	fenitrothion	高水溶性，泡茶时浸出率高	建议在茶树上停用，日本要求在茶树上禁用
甲氰菊酯	fenpropathrin	高残留	欧盟已在茶叶上禁用
氰戊菊酯	fenvalerate	高残留，遗传毒性	我国已于1999年在茶叶上禁用名单
氟虫腈（锐劲特）	fipronil	环境毒性	日本要求在茶树上禁用，欧盟严格控制使用
氟乙酰胺	fluoroacetamide	剧毒	我国已全面禁用

（续）

农药名称	农药英文名	禁用原因	备注
地虫硫磷	fonofos	剧毒	我国已列入菜、果、茶、中草药禁用名单
七氯	heptachlor	高残留	欧盟已禁用，已列入联合国POP名单
异丙威	isoprocarb		日本要求在茶树上禁用
氯唑磷	isazophos	高毒	
甲基异柳磷	isofenphos-methyl	高毒	我国已列入菜、果、茶、中草药禁用名单
噁唑磷	isoxathion		欧盟严格控制使用，WHO 1b类
溴苯磷	leptophos	高毒	美国禁用
含汞化合物	mercury compounds	剧毒，高残留	我国已全面禁用
甲胺磷	methamidophos	剧毒，水溶性高	我国已全面禁用
甲萘威	methomyl	皮肤毒性高，水溶性高	建议在茶树上停用
久效磷	monocrotophos	剧毒，水溶性高	我国已全面禁用

（续）

农药名称	农药英文名	禁用原因	备注
除草醚	nitrofen	慢性毒性	我国已全面禁用
氧乐果	omethoate	剧毒，水溶性高	建议在茶树上停用
百草枯	paraquat	剧毒，水溶性高	日本要求在茶树上禁用，欧盟严格控制使用
对硫磷	parathion	剧毒，水溶性高	我国已全面禁用
甲基对硫磷	parathion-methyl	剧毒，水溶性高	我国已全面禁用
甲拌磷	phorate	剧毒	我国已列入茶、果、茶、中草药禁用名单
伏杀磷	phosalone		欧盟严格控制使用
硫环磷	phosfolan	剧毒	我国已列入茶、果、茶、中草药禁用名单
甲基硫环磷	phosfolan-methyl	剧毒	我国已列入茶、果、茶、中草药禁用名单
磷胺	phosphamidon	剧毒，水溶性高	美国、欧盟已禁用

（续）

农药名称	农药英文名	禁用原因	备　注
辛硫磷	phoxim	剧毒、水溶性高	日本要求在茶树上禁用，建议在茶树上停用
喹硫磷	quinalphos		日本要求在茶树上禁用
西玛津	simazine		欧盟严格控制使用
特丁硫磷	terbufos	剧毒	我国已列入菜、果、茶、中草药禁用名单
三唑磷	triazophos	水溶性较高	日本要求在茶树上禁用，建议在茶树上停用
吡虫啉	imidacloprid	水溶性较高	建议在茶树上停用
啶虫脒	acetamiprid	水溶性较高	建议在茶树上停用

附表 2　茶园适用农药的防治对象和使用技术

农药名称和剂型	每667m² 使用剂量 (mL 或 g)	稀释倍数 (×)	防治对象	施药方式	安全间隔期 (d)	适用茶园
敌敌畏 80%乳油	75～100	800～1 000	毒蛾类、尺蠖蛾类、卷叶蛾类、刺蛾类、蓑蛾类、茶蚕、茶吉丁虫	喷雾	6	国内茶园可用
	150～200	100	茶黑毒蛾、茶毛虫	毒砂（土）撒施		
	50～75	1 000～1 500	茶梢蛾、叶蝉类、蓟马类、茶绿盲蝽	喷雾	6	
马拉硫磷 （马拉松） 45%乳油	100～125	800	蚧类、茶黑毒蛾、蓑蛾类	喷雾	10	国内茶园、出口欧盟和日本茶园可用

（续）

农药名称和剂型	每667m²使用剂量(mL或g)	稀释倍数(×)	防治对象	施药方式	安全间隔期(d)	适用茶园
联苯菊酯2.5%乳油（天王星）	12.5～25	3 000～6 000	尺蠖类、毒蛾类、卷叶蛾类、刺蛾类、茶蚕	喷雾	6	国内茶园，出口欧盟和日本茶园可用
	25～40	1 500～2 000	叶蝉类、蓟马		7	
	75～100	750～1 000	茶丽纹象甲		7	
三氟氯氰菊酯2.5%油（功夫）	12.5～15	6 000～8 000	尺蠖类、毒蛾类、卷叶蛾类、刺蛾类、茶蚕、茶�蚜	喷雾	5	国内茶园，出口欧盟和日本茶园可用
	25～35	2 000～3 000	叶蝉类、蓟马		6	
	50～75	1 000～1 500	茶叶螨类		6	

（续）

农药名称和剂型	每667m²使用剂量(mL或g)	稀释倍数(×)	防治对象	施药方式	安全间隔期(d)	适用茶园
氯氰菊酯10%乳油	12.5 ~ 15	6 000 ~ 8 000	尺蠖蛾类、毒蛾类、卷叶蛾类、刺蛾类	喷雾	3	国内茶园，出口欧盟和日本茶园可用
	20 ~ 25	3 000 ~ 4 000	叶蝉类		5	
溴氰菊酯2.5%乳油（敌杀死）	12.5 ~ 15	6 000 ~ 8 000	毒蛾类、卷叶蛾类、茶尺蠖、刺蛾类、茶蚜	喷雾	5	国内茶园，出口欧盟和日本茶园可用
	25 ~ 35	3 000 ~ 4 000	油桐尺蠖、木橑尺蠖、茶细蛾		5	
	25 ~ 50	2 000 ~ 3 000	长白蚧、黑刺粉虱		6	

（续）

农药名称和剂型	每667m² 使用剂量（mL或g）	稀释倍数（×）	防治对象	施药方式	安全间隔期（d）	适用茶园
阿立卡 22%悬浮剂（9.4%高效氯氟氰菊酯+12.6%噻虫嗪）	4～8	6 000～8 000	小绿叶蝉	喷雾	5	国内茶园，出口日本茶园可用
溴虫腈（虫螨腈）10%悬浮剂	15～18	4 000～5 000	小绿叶蝉	喷雾	7	国内茶园，出口欧盟和日本茶园可用
	18～20	4 000～4 500	螨类		7	
苗虫威 15%乳油	12～18	2 500～3 500	叶蝉类、尺蠖类、毒蛾类、卷叶蛾类	喷雾	10～14	国内茶园适用，出口日本和欧盟的茶园慎用

（续）

农药名称 和剂型	每667m² 使用剂量 (mL或g)	稀释倍数 (×)	防治对象	施药方式	安全间隔期 (d)	适用茶园
鱼藤酮 2.5%乳油	150～250	300～500	尺蠖类、毒蛾类、卷叶蛾类、蓑蛾类、叶蝉类、茶蚜	喷雾	7～10	国内茶园、出口日本茶园可用
清源保 （苦参碱） 0.6%水剂	50～75	1 000～1 500	茶黑毒蛾、茶毛虫	喷雾	7*	国内茶园、出口欧盟和日本茶园可用
白僵菌 （每克含 50亿～70 亿孢子）	700～1 000	50～70	叶蝉类、茶丽纹象甲、茶尺蠖	喷雾	3～5*	国内茶园、出口欧盟和日本茶园可用
苏云金杆 菌（Bt）	150～250	300～500	毒蛾类、刺蛾类	喷雾	3～5*	国内茶园、出口欧盟和日本茶园可用
	75～100	800～1 000	叶蝉类			

（续）

农药名称和剂型	每667m²使用剂量（mL或g）	稀释倍数（×）	防治对象	施药方式	安全间隔期（d）	适用茶园
四螨嗪20%浓悬浮剂（螨死净，阿波罗）	50~75	1 000	茶叶螨类	喷雾	10*	国内茶园，出口日本茶园可用
克螨特73%乳油	45~50	1 500~2 000	茶叶螨类	喷雾	10*	国内茶园，出口欧盟和日本茶园可用
石硫合剂45%晶体	375~500	150~200	茶叶螨类，茶树叶、茎病	喷雾	封园农药，采摘茶园不宜使用	国内茶园，出口日本茶园可用
	500~750	100	蚧类、粉虱类	封园防治		

（续）

农药名称和剂型	每667m² 使用剂量 (mL 或 g)	稀释倍数 (×)	防治对象	施药方式	安全间隔期 (d)	适用茶园
甲基托布津70%可湿性粉剂	50～75	1 000～1 500	茶树叶、茎病	喷雾	10	国内茶园、出口日本茶园可用 出口欧盟茶园应慎用 因标准严格
	80～100	500～600	茶树根病	穴施		
苯菌灵50%可湿性粉剂（苯来特）	75～100	1 000	茶炭疽病、茶轮斑病等	喷雾	7～10	国内茶园、出口日本茶园可用 出口欧盟茶园应慎用 因标准严格
多菌灵50%可湿性粉剂（苯并咪唑44号）	75～100	800～1 000	茶树叶、茎病	喷雾	7～10	国内茶园、出口日本茶园可用 出口欧盟茶园应慎用 因标准严格
	80～100	500～600	茶苗根病	穴施		

（续）

农药名称和剂型	每667m²使用剂量（mL或g）	稀释倍数（×）	防治对象	施药方式	安全间隔期（d）	适用茶园
百菌清75%可湿性粉剂	75～100	800～1 000	茶树叶病	喷雾	10	国内茶园，出口日本茶园可用出口欧盟茶园内标准*格应慎用

注：*表示暂定安全间隔期。

附表3 中国、欧盟、日本和联合国食品法典委员会（CAC）在茶叶上农药的最大残留限量（MRL）标准（mg/kg）

类别	名称	中国	CAC	欧盟[4]	日本[5]
有机磷杀虫剂	二嗪磷			0.02	0.1
	敌百虫			0.1	0.5
	敌敌畏			0.02	0.1
	亚胺硫磷			0.1	
	乙硫磷			3.0	0.3
	杀螟硫磷	0.5[1]	0.5	0.5	0.2
	辛硫磷			0.1	0.1
	喹硫磷	0.2[3]		0.1	0.1
	伏杀磷			0.1	2.0
	马拉硫磷			0.5	0.5
	速灭磷			0.02	
	毒死蜱		2.0	0.1	10.0
	甲基毒死蜱			0.1	0.1
	杀扑磷		0.5	0.1	1.0
	对硫磷			0.1	
	三唑磷			0.02	

(续)

农药名称与类别		中国	CAC	欧盟[4]	日本[5]
类别	名称				
拟除虫菊酯类杀虫剂	联苯菊酯	5.0[1]		5.0	25.0
	氯氰菊酯	20.0[1]	20.0	0.5	20.0
	顺式氯氰菊酯	20.0[3]			
	氯菊酯	20.0[1]	20.0		20.0
	功夫菊酯(三氟氯氰菊酯)	15.0[3]		1.0	15.0
	溴氰菊酯	10.0[1]	5.0	5.0	10.0
	甲氰菊酯	5.0[3]	2.0		25.0
	氟胺氰菊酯			0.01	10.0
	氟氰菊酯(氟氰戊菊酯)	20.0[1]	20.0	0.1	20.0
	百治菊酯			0.1	
	氯氟氰菊酯和高效氯氟氰菊酯	15[1]		0.1	15
	氟氯氰菊酯和高效氟氯氰菊酯	10[1]		0.1	20
氨基甲酸酯杀虫剂	甲硫威			0.1	
	抗蚜威			0.05	
杂环类杀虫剂	吡虫啉	0.5[1]		0.05	10.0
	啶虫脒	0.05[2]		0.1	50.0
	噻虫啉			0.05	25.0
	噻虫嗪	10.0[2]		0.1	15.0
	虫螨腈			50.0	30.0
	茚虫威	3.0[1]	5	0.05	0.01

（续）

农药名称与类别		中国	CAC	欧盟[4]	日本[5]
类别	名称				
植物杀虫剂	鱼藤酮			0.02	
	除虫菊素			0.5	
	印棟素			0.01	
其他杀虫剂	除虫脲	20.0[1]		0.05	20.0
	杀螟丹	20.0[1]		0.1	30.0
	噻嗪酮	10.0[1]		0.05	20.0
杀螨剂	三氯杀螨醇		50.0	20.0	3.0
	克螨特		5.0	5.0	5.0
	苄螨醚			0.02	
	哒螨灵	5.0[1]		0.05	10.0
	唑螨酯			0.1	10.0
	罗速发（Acrinathrin）			0.05	10.0
	四螨嗪			0.05	20.0
	丁醚脲	5.0[3]			20.0
杀菌剂	克菌丹			0.05	
	百菌清			0.1	10.0
	灭菌丹			0.05	
	二硫代氨基甲酸酯类杀菌剂			0.1	5.0
	多菌灵	5.0[1]		0.1	10.0
	福美双			0.2	
	甲基硫菌灵			0.1	10.0
	萎锈灵			0.05	

(续)

农药名称与类别		中国	CAC	欧盟[4]	日本[5]
类别	名称				
杀菌剂	苯醚甲环唑	10.0[1]			
	铜素			40.0	
	硫素			5.0	
除草剂	阿特拉津			0.1	0.1
	西玛津			0.05	
	茅草枯			0.1	
	草甘膦	0.05[2]		2.0	1.0
	2, 4-滴丁酸			0.02	
	百草枯		0.2	0.05	0.3
	草铵膦	0.5[1]	0.2	0.05	0.3

[1] 中华人民共和国国家标准 GB 2763—2012.

[2] 中华人民共和国国家标准 MY 1500.5.10—2007.

[3] 中华人民共和国国家标准 GB 8321.1 ～ 8321.7 (2000—2002).

[4] Commission Regulation (EC) No.149/2008, `Official J of the Europian Union, 1.3.2008.

[5] Japenese Food Sanitation Law, 2006, Japenese positive List for Agricultural chemicals in food.

主要参考文献

陈雪芬. 1996. 茶树病虫害防治手册 [M]. 北京：金盾出版社.

李成章，罗志义. 1979. 农业昆虫一百种鉴别图册 [M]. 上海：上海科学技术出版社.

王小奇，方红，张治良. 2012. 辽宁甲虫原色图鉴 [M]. 沈阳：辽宁科学技术出版社.

夏声广，熊兴平. 2009. 茶树病虫害原色生态图谱 [M]. 北京：中国农业出版社.

萧素女. 1994. 茶树病虫害图鉴 [M]. 台湾：茶叶改良场文山分场.

小泊重洋，等. 2000. 新目こ见ゐ茶の病害虫 [M]. 日本：静冈县茶叶会议所.

小泊重洋，崛川之广. 1982. 茶树の害虫とその防除 [M]. 日本：武田药品工业株式会社.

小泊重洋，崛川之广. 1984. 目こ见ゐ茶の病害虫 [M]. 日本：静冈县茶叶会议所.

张汉鹄，谭济才. 2004. 中国茶树害虫及其无公害治理 [M]. 合肥：安徽科学技术出版社.

张连合. 2010. 大蓑蛾的鉴别及发生规律研究 [J]. 安徽农业科学，38(16): 8499-8500.

张连合. 2010. 大蓑蛾的为害及防治方法研究 [J]. 安徽农业科学，38(17): 9023-9025.